Lecture Notes in Mathematics
A collection of informal reports and seminars
Edited by A. Dold, Heidelberg and B. Eckmann, Zürich

Series: Mathematisches Institut der Universität Bonn
Adviser: F. Hirzebruch

111

K. H. Mayer
Mathematisches Institut der Universität Bonn

Relationen zwischen charakteristischen Zahlen

Springer-Verlag
Berlin · Heidelberg · New York 1969

Lecture Notes in Mathematics

A collection of informal reports and seminars
Edited by A. Dold, Heidelberg and B. Eckmann, Zürich

Series: Mathematisches Institut der Universität Bonn
Adviser: F. Hirzebruch

111

K. H. Mayer

Relationen zwischen charakteristischen Zahlen

Springer-Verlag
Berlin · Heidelberg · New York

This series aims to report new developments in mathematical research and teaching – quickly, informally and at a high level. The type of material considered for publication includes:

1. Preliminary drafts of original papers and monographs
2. Lectures on a new field, or presenting a new angle on a classical field
3. Seminar work-outs
4. Reports of meetings

Texts which are out of print but still in demand may also be considered if they fall within these categories.

The timeliness of a manuscript is more important than its form, which may be unfinished or tentative. Thus, in some instances, proofs may be merely outlined and results presented which have been or will later be published elsewhere.

Publication of *Lecture Notes* is intended as a service to the international mathematical community, in that a commercial publisher, Springer-Verlag, can offer a wider distribution to documents which would otherwise have a restricted readership. Once published and copyrighted, they can be documented in the scientific literature.

Manuscripts

Manuscripts are reproduced by a photographic process; they must therefore be typed with extreme care. Symbols not on the typewriter should be inserted by hand in indelible black ink. Corrections to the typescript should be made by sticking the amended text over the old one, or by obliterating errors with white correcting fluid. Should the text, or any part of it, have to be retyped, the author will be reimbursed upon publication of the volume. Authors receive 75 free copies.

The typescript is reduced slightly in size during reproduction; best results will not be obtained unless the text on any one page is kept within the overall limit of 18 x 26.5 cm (7 x 10 ½ inches). The publishers will be pleased to supply on request special stationery with the typing area outlined.

Manuscripts in English, German or French should be sent to Prof. Dr. A. Dold, Mathematisches Institut der Universität Heidelberg, Tiergartenstraße or Prof. Dr. B. Eckmann, Eidgenössische Technische Hochschule, Zürich.

Die „*Lecture Notes*" sollen rasch und informell, aber auf hohem Niveau, über neue Entwicklungen der mathematischen Forschung und Lehre berichten. Zur Veröffentlichung kommen:

1. Vorläufige Fassungen von Originalarbeiten und Monographien.
2. Spezielle Vorlesungen über ein neues Gebiet oder ein klassisches Gebiet in neuer Betrachtungsweise.
3. Seminarausarbeitungen.
4. Vorträge von Tagungen.

Ferner kommen auch ältere vergriffene spezielle Vorlesungen, Seminare und Berichte in Frage, wenn nach ihnen eine anhaltende Nachfrage besteht.

Die Beiträge dürfen im Interesse einer größeren Aktualität durchaus den Charakter des Unfertigen und Vorläufigen haben. Sie brauchen Beweise unter Umständen nur zu skizzieren und dürfen auch Ergebnisse enthalten, die in ähnlicher Form schon erschienen sind oder später erscheinen sollen.

Die Herausgabe der „*Lecture Notes*" Serie durch den Springer-Verlag stellt eine Dienstleistung an die mathematischen Institute dar, indem der Springer-Verlag für ausreichende Lagerhaltung sorgt und einen großen internationalen Kreis von Interessenten erfassen kann. Durch Anzeigen in Fachzeitschriften, Aufnahme in Kataloge und durch Anmeldung zum Copyright sowie durch die Versendung von Besprechungsexemplaren wird eine lückenlose Dokumentation in den wissenschaftlichen Bibliotheken ermöglicht.

Inhaltsverzeichnis

Einleitung

Es seien M eine kompakte differenzierbare Mannigfaltigkeit, deren stabiles Tangentialbündel G als Strukturgruppe zuläßt, wo G = U, SU, SO oder Spin, und ξ ein reelles oder komplexes Vektorraumbündel über M mit Strukturgruppe H = SO(k) bzw. U(k). Es ist eine Reihe von Ganzzahligkeitssätzen bekannt für die charakteristischen Zahlen, die aus den charakteristischen Klassen der Mannigfaltigkeit und des Bündels gebildet werden [3] [12]. Ziel dieser Arbeit ist es, alle Sätze dieser Art zu bestimmen. Das heißt genauer: Es sollen für jedes G und jedes H alle homogenen Polynome mit rationalen Koeffizienten vom Grade n in den "universellen charakteristischen Klassen einer G-Mannigfaltigkeit und eines H-Bündels" bestimmt werden, die für jedes Paar (M,ξ), bestehend aus einer G-Mannigfaltigkeit M und einem H-Bündel ξ über M, ausgerechnet auf dem Fundamentalzykel [M], ganze Zahlen ergeben. Wenn ξ trivial ist, handelt es sich hier um ein Problem von Hirzebruch [2], das für G = U von Hattori [9] und Stong [21] und für die übrigen angegebenen Gruppen von Stong [21][22] gelöst wurde.

Die vorliegende Arbeit benutzt die von Stong angegebene Methode zur Bestimmung der Relationen zwischen den charakteristischen Zahlen sowie die in [21] und [22] erhaltenen Ergebnisse.

In § 1 wird eine kurze Einführung in die Bordismustheorie gegeben, wie sie von Conner und Floyd in [4] und [5] entwickelt wurde. § 2 enthält eine ausführliche Beschreibung des Problems und Bezeichnungen, die im Rest der Arbeit benutzt werden. In § 3 wird der Fall von komplexen Vektorraumbündeln über schwach fast-komplexen und orientierten Mannigfaltigkeiten behandelt. Im ersten Fall werden alle Relationen durch die Riemann-Roch-Formel [10] gegeben. Man sieht daraus, daß es in diesem Falle keine nichtstabilen Ganzzahligkeitssätze gibt. Wenn diese letzte Tatsache bekannt ist, ist das genannte Ergebnis schon im Stongschen Resultat enthalten. Hierzu sei bemerkt, daß es durchaus nichtstabile Ganzzahligkeitssätze für Chernsche Zahlen gibt, wenn man nur zusätzliche Voraussetzungen macht, etwa $w_2(\xi) = 0$ (vgl. [12]). Für die orientierten Mannigfaltigkeiten mit komplexem Vektorraumbündel tritt an die Stelle der Toddschen Klasse in der Riemann-Roch-Formel die Hirzebruchsche $\mathfrak{A}$-Klasse.

Stong benutzt zur Bestimmung der Relationen zwischen den charakteristischen Zahlen einer SU-Mannigfaltigkeit Ergebnisse von Conner und Floyd im Zusammenhang mit der Torsion in Ω_*^{SU} [5]. Diese Ergebnisse werden in den §§ 4-8 übertragen und die Torsion von $\Omega_*^{SU}(BU(k))$, das ist die SU-Bordismusgruppe des klassifizierenden Raumes BU(k), bestimmt. Über eine Reihe von exakten Sequenzen wird $\Omega_*^{SU}(BU(k))$ in Beziehung gesetzt zu der Homologie eines Kettenkomplexes $(\mathcal{W}(BU(k)), \partial)$, wo $\mathcal{W}(BU(k))$ die Teilmenge der Elemente aus $\Omega_*^{U}(BU(k))$ ist, deren sämtliche charakteristischen Zahlen mit $c_1^{\,2}$ als Faktor verschwinden. Der Randoperator

∂ wird dadurch induziert, daß man jeder schwach fast-komplexen Mannigfaltigkeit mit erster Chernscher Klasse c_1 die zu c_1 duale Mannigfaltigkeit zuordnet. Alle diese Übertragungen erfordern gegenüber [5] keinen wesentlich neuen Beweisgedanken. In § 7 wird die Homologie dieses Kettenkomplexes berechnet und ein Erzeugendensystem für den freien $H_*(\mathfrak{W})$-Modul $H_*(\mathfrak{W}(BU(k)))$ angegeben. In § 8 wird die Torsion von $\Omega_*^{SU}(BU(k))$ berechnet und weitere Ergebnisse über den Kettenkomplex $(\mathfrak{W}(BU(k)), \partial)$ hergeleitet. Diese werden zusammen mit § 7 in § 9 zur Bestimmung der Relationen zwischen den charakteristischen Zahlen einer SU-Mannigfaltigkeit und eines U(k)-Bündels benutzt. Hier spielt neben der Riemann-Roch-Formel der Ganzzahligkeitssatz für Spin-Mannigfaltigkeiten eine Rolle, der besagt, daß für jede (8n+4)-dimensionale Spinmannigfaltigkeit X und jedes $z \in chKO(X)$ die Zahl $z\hat{\mathfrak{A}}[X]$ eine gerade Zahl ist.

Im Falle der Spin-Mannigfaltigkeiten werden keine vollständigen Ergebnisse erhalten. Lediglich die Relationen zwischen den charakteristischen Zahlen der Elemente aus $\Omega_{8n+4}^{Spin}(BSO(2k+1))$ werden in § 10 vollständig angegeben. Die Methode wird dabei wieder von Stong [22] übernommen.

In § 11 und §12 werden reelle Vektorraumbündel behandelt. Für die SO(2k)-Bündel tritt hier zum ersten Male in diesen Betrachtungen mit der Euler-Klasse eine nicht-stabile charakteristische Klasse auf. Das führt zu nicht-stabilen Ganzzahligkeitssätzen, das sind solche, bei denen nicht nur die stabile Klasse des

Bündels ξ eine Rolle spielt, sondern auch seine geometrische Dimension. Dabei treten in § 11 längere Rechnungen auf. Solche Rechnungen kommen in den vorangegangenen Paragraphen nur deshalb nicht vor, weil die Sätze von Stong in § 3 ohne Beweis zitiert werden. § 11 enthält den Fall von SO(k)-Bündeln über schwach fast-komplexen und orientierten Mannigfaltigkeiten, und § 12 enthält den Fall von SO(k)-Bündeln über SU-Mannigfaltigkeiten.

§ 1 Bordismusgruppen

In diesem ersten Paragraphen werden grundlegende Definitionen und Tatsachen im Zusammenhang mit der Bordismustheorie referiert, die später immer wieder benutzt werden. Zunächst wird die Bordismustheorie für orientierte Mannigfaltigkeiten nach Conner und Floyd [4] behandelt. Mannigfaltigkeit heißt im folgenden immer kompakte C^∞-differenzierbare Mannigfaltigkeit.

1.1. Definition. (X,A) sei ein Raumpaar. Eine orientierte n-dimensionale singuläre Mannigfaltigkeit in (X,A) ist ein Paar (B^n,f), bestehend aus einer n-dimensionalen orientierten Mannigfaltigkeit B^n mit Rand ∂B^n und einer stetigen Abbildung $f : (B^n,\partial B^n) \longrightarrow (X,A)$. Wenn $A = \emptyset$, ist natürlich auch $\partial B^n = \emptyset$. Ein solches Paar (B^n,f) berandet, wenn es ein Paar (C^{n+1},F) gibt, bestehend aus einer orientierten Mannigfaltigkeit C^{n+1} mit Rand ∂C^{n+1} und einer stetigen Abbildung $F : C^{n+1} \longrightarrow X$, so daß

(1) B^n eine Untermannigfaltigkeit von ∂C^{n+1} ist und die Orientierung von B^n gleich der von C^{n+1} induzierten Orientierung ist, und

(2) $F|B^n = f$ und $F(\partial C^{n+1} - B^n) \subset A$.

Für zwei orientierte singuläre Mannigfaltigkeiten $(B_1{}^n,f_1)$ und $(B_2{}^n,f_2)$ in (X,A) ist $(B_1 \dot{\cup} B_2,\ f_1 \dot{\cup} f_2)$ das Paar, das aus der disjunkten Vereinigung $B_1 \dot{\cup} B_2$ und der Abbildung $f_1 \dot{\cup} f_2 : B_1 \dot{\cup} B_2 \longrightarrow X$ besteht mit $f_1 \dot{\cup} f_2 | B_\nu = f_\nu$, $\nu = 1, 2$. Mit $-B^n$ wird die orientierte Mannigfaltigkeit bezeichnet, deren zugrundeliegende

Mannigfaltigkeit mit der von B^n übereinstimmt und deren Orientierung der von B^n entgegengesetzt ist. Zwei orientierte singuläre Mannigfaltigkeiten (B_1^n, f_1) und (B_2^n, f_2) in (X,A) heißen bordant, wenn $(B_1 \dot{\cup} -B_2,\ f_1 \dot{\cup} f_2)$ berandet. Die Bordismusklasse von (B^n, f), das ist die Klasse der zu (B^n, f) bordanten orientierten singulären Mannigfaltigkeiten in (X,A), wird mit $[B^n, f]$, und die Menge aller solcher Bordismusklassen von n-dimensionalen orientierten singulären Mannigfaltigkeiten in (X,A) wird mit $\Omega_n(X,A)$ bezeichnet. In $\Omega_n(X,A)$ wird eine Addition eingeführt durch

$$[B_1^n, f_1] + [B_2^n, f_2] = [B_1^n \dot{\cup} B_2^n, f_1 \dot{\cup} f_2] \quad .$$

Die Klasse der berandenden Mannigfaltigkeiten ist das neutrale Element bei dieser Addition, und es ist $-[B^n, f] = [-B^n, f]$. Mit der so definierten Addition ist $\Omega_n(X,A)$ eine abelsche Gruppe, die die n-te orientierte Bordismusgruppe von (X,A) heißt. Wir werden $\Omega_n(X,A)$ auch n-te SO-Bordismusgruppe von (X,A) nennen und mit $\Omega_n^{SO}(X,A)$ bezeichnen. Es sei $\Omega_*^{SO}(X,A) = \bigoplus_{n=0}^{\infty} \Omega_n^{SO}(X,A)$.

Wenn $(X,A) = (pt, \emptyset)$, dann ist $\Omega_n(pt, \emptyset) = \Omega_n(pt) = \Omega_n$ die von Thom untersuchte n-te orientierte Cobordismusgruppe.

Sind X und Y topologische Räume, so wird eine Paarung

$$\Omega_m(X) \otimes \Omega_n(Y) \longrightarrow \Omega_{m+n}(X \times Y)$$

definiert durch $[M,f][N,g] = [M \times N,\ f \times g]$. Diese Paarung macht $\Omega_* = \bigoplus_{n=0} \Omega_n$ selbst zu einem graduierten (antikommutativen) Ring und $\Omega_*(X)$ zu einem graduierten Ω_*-Modul.

Eine stetige Abbildung von Raumpaaren $\varphi : (X,A) \longrightarrow (Y,B)$ induziert einen Homomorphismus $\varphi_* : \Omega_n(X,A) \longrightarrow \Omega_n(Y,B)$. Es wird ein Randoperator $\partial : \Omega_n(X,A) \to \Omega_{n-1}(A)$ definiert durch $\partial[B^n,f] = [\partial B^n, f|\partial B^n]$. In [4] § 5 wird gezeigt, daß man so eine verallgemeinerte Homologietheorie $\{\Omega_*(\ ),\partial\}$ erhält, die die ersten sechs Axiome für eine Homologietheorie von Eilenberg-Steenrod [8] Chap.I § 3 erfüllt. Lediglich das Dimensionsaxiom ist nicht erfüllt. Es gilt vielmehr $\Omega_n(pt) = \Omega_n$. D. h. $\{\Omega_*(\ ),\partial\}$ ist eine verallgemeinerte Homologietheorie im Sinne von G. W. Whitehead [24] (s. auch [4] § 12).

1.2. Solche Homologietheorien kann man unter gewissen Voraussetzungen auf der Kategorie der endlichen CW-Paare mit Basispunkt mit Hilfe von Spektren definieren. Auch diese Definition soll hier kurz skizziert werden.

Definition. Ein Spektrum $\underline{E}$ ist eine Folge $\{E_n \mid n \in Z\}$ von topologischen Räumen mit Basispunkt, die den Homotopietyp eines CW-Komplexes haben, zusammen mit einer Folge von stetigen Abbildungen $\varepsilon_n : SE_n \to E_{n+1}$, die Basispunkt in Basispunkt überführen. SE_n ist die Einhängung von E_n. Es genügt, wenn E_n und ε_n für alle $n \geq n_o$ definiert sind. Dann läßt sich die Folge zu einem Spektrum im angegebenen Sinne ergänzen (s. [24] S.241 Remark 2).

Für ein endliches CW-Paar (X,A) mit Basispunkt wird $H_n(X,A;\underline{E})$ definiert durch

$$H_n(X,A;\underline{E}) = \text{dir lim}\ \pi_{n+k}(E_k \wedge (X/A))$$

X/A entsteht aus X durch Zusammenschlagen von A auf einen Punkt. Dieser Punkt ist der Basispunkt von X/A. Für zwei Räume A und B mit Basispunkten a bzw. b ist $A \wedge B$ definiert durch $A \wedge B = (A \times B)/(A \times b \cup a \times B)$. Wie üblich bezeichnet $X/\emptyset$ die punktfremde Vereinigung von X mit einem Punkt +, der als Basispunkt dient.

Für jede natürliche Zahl n ist ein Randoperator $\partial : H_n(X,A;\underline{E}) \to H_{n-1}(A,a;\underline{E}) = \tilde{H}_{n-1}(A;\underline{E})$ definiert. Jede stetige Abbildung von CW-Paaren $f : (X,A) \to (Y,B)$ induziert einen Homomorphismus $f_* : H_n(X,A;\underline{E}) \longrightarrow H_n(Y,B;\underline{E})$. Das Paar $\{H_*(\ \ ;\underline{E}),\partial\}$ ist eine verallgemeinerte Homologietheorie im oben angegebenen Sinne.

1.3. Für jede natürliche Zahl k bezeichnet $ESO(k) \to BSO(k)$ das universelle Prinzipalbündel von SO(k) über dem klassifizierenden Raum BSO(k). ASO(k) sei der Totalraum des assoziierten Bündels mit der Einheitsvollkugel D^k des $\mathbb{R}^k$ als Faser. Man erhält MSO(k) aus ASO(k) durch Zusammenschlagen des Randes $\dot{A}SO(k)$ von ASO(k) auf einen Punkt, d. h. $MSO(k) = ASO(k)/\dot{A}SO(k)$ ist der Thomsche Raum des universellen Bündels von SO(k). Die natürliche Inklusion $SO(k) \subset SO(k+1)$ induziert eine Abbildung $SMSO(k) \to MSO(k+1)$ (vgl. [4] § 11). Das Thom-Spektrum $\underline{MSO}$ ist definiert als Folge der Thomschen Räume MSO(k) zusammen mit diesen Abbildungen.

Nach Thom [23] (Théorème IV.8) gilt für $k > n + 2$ der Isomorphismus

$$\Omega_n \cong \pi_{n+k}(MSO(k)) .$$

Dieser Isomorphismus läßt sich wie folgt beschreiben: Die orientierte Mannigfaltigkeit M^n läßt sich differenzierbar in S^{n+k} einbetten. ν sei das Normalenbündel dieser Einbettung und N der Totalraum des zugehörigen Vollkugelbündels, das mit einer abgeschlossenen Tubenumgebung von M^n in S^{n+k} identifiziert wird. Man hat eine Bündelabbildung

$$(1.4)\qquad \begin{array}{ccc} N & \xrightarrow{\;g\;} & ASO(k) \\ {\scriptstyle\xi}\downarrow & & \downarrow \\ M^n & \xrightarrow[\;\bar{g}\;]{} & BSO(k) \end{array} \quad ,$$

die so gewählt werden kann, daß der Rand $\dot{N}$ von N in $A\dot{S}O(k)$ geht. Diese Abbildung induziert eine Abbildung $S^{n+k} \longrightarrow MSO(k)$. Die so definierte Klasse in $\pi_{n+k}(MSO(k))$ ist das Bild der Klasse von M^n in Ω_n. Das Thomsche Ergebnis liefert, daß $H_n(pt;\underline{MSO}) = H_n(pt,\emptyset;\underline{MSO}) = \Omega_n$.

1.5. In [4] § 12 wird für jeden CW-Komplex X auf folgende Weise ein Homomorphismus $\tau : \Omega_n(X) \to \pi_{n+k}(MSO(k) \wedge X/\emptyset)$, $k \geq n + 2$, angegeben: Eine Klasse in $\pi_n(X)$ wird repräsentiert durch ein Paar (M,f), wo M eine n-dimensionale orientierte Mannigfaltigkeit ohne Rand ist und f eine stetige Abbildung von M in X ist. Mit den gleichen Bezeichnungen wie in 1.3 erhält man eine Bündelabbildung (1.4) und eine Abbildung $g \times f\xi : (N,\dot{N}) \longrightarrow (ASO(k) \times X, A\dot{S}O(k) \times X)$, die eine Abbildung

$$S^{n+k} \to N/\dot{N} \to ASO(k) \times X/A\dot{S}O(k) \times X = MSO(k) \wedge X/\emptyset$$

induziert. Die zugehörige Klasse in $\pi_{n+k}(MSO(k) \wedge X/\emptyset)$ ist das Bild von [M,f] unter τ. In [4] (12.9) wird bewiesen, daß τ einen Isomorphismus zwischen den beiden verallgemeinerten Homologietheorien $\{\Omega_*(\ ),\partial\}$ und $\{H_*(\ ;\underline{MSO}),\partial\}$ auf der Kategorie der CW-Paare liefert.

1.6. Zur Definition der Bordismusgruppen $\Omega_*^U(X,A)$ und $\Omega_*^{SU}(X,A)$ wird zunächst der Begriff der U-Struktur und SU-Struktur eingeführt. Es wird die Definition einer schwach fast-komplexen Mannigfaltigkeit bei Conner und Floyd [5] benutzt, die sich direkt für SU-Mannigfaltigkeiten übertragen läßt.

Mit ξ_{2n} (bzw. η_{2n}) wird das zu dem universellen Bündel $EU(n)\to BU(n)$ (bzw. $ESU(n)\to BSU(n)$) assoziierte Vektorraumbündel mit Faser $\mathbb{C}^n$ bezeichnet. ξ_{2n} und η_{2n} lassen sich als Vektorraumbündel mit Faser $\mathbb{R}^{2n}$ und Strukturgruppe $O(2n)$ betrachten. Die Thomschen Räume $M(\xi_{2n})$ und $M(\eta_{2n})$ werden ähnlich wie in 1.3 definiert und werden mit $MU(n)$ bzw. $MSU(n)$ bezeichnet.

Definition. Es sei ν ein $O(2n)$-Bündel mit Faser $\mathbb{R}^{2n}$ über dem CW-Komplex B. Eine komplexe Struktur Φ oder kurz U-Struktur (bzw. SU-Struktur Ψ) von ν ist eine Homotopieklasse von $O(2n)$-Bündelabbildungen

$$\varphi : \nu \longrightarrow \xi_{2n} \qquad (\text{ bzw. } \psi : \nu \longrightarrow \eta_{2n}).$$

Mit $U(\nu)$ wird die Menge der U-Strukturen von ν und mit $SU(\nu)$ wird die Menge der SU-Strukturen von ν bezeichnet.

μ und ν seien $O(2m)$- bzw. $O(2n)$-Bündel mit Faser $\mathbb{R}^{2m}$ bzw. $\mathbb{R}^{2n}$ über dem CW-Komplex B. Es sei $\Phi \in U(\mu)$ und $\Phi' \in U(\nu)$. Dann besitzt $\mu \oplus \nu$ eine U-Struktur $\Phi \circ \Phi'$, die durch die Folge

$$\mu \oplus \nu \longrightarrow \mu \times \nu \longrightarrow \xi_{2m} \times \xi_{2n} \longrightarrow \xi_{2m+2n}$$

von kanonischen Abbildungen gegeben wird. Auf entsprechende Weise wird die "Summe" von SU-Strukturen definiert. Der folgende Satz von Conner und Floyd ([5] (2.3)) ist für die weiteren Definitionen grundlegend.

1.7. Satz. μ und ν seien $O(2m)$- bzw. $O(2n)$-Bündel mit Faser $\mathbb{R}^{2m}$ bzw. $\mathbb{R}^{2n}$ über dem CW-Komplex B mit dim B $\leq 2m - 2$. Es sei $\Phi' \in U(\nu)$. Dann liefert die Zuordnung $U(\mu) \longrightarrow U(\mu \oplus \nu)$, die durch $\Phi \longmapsto \Phi \circ \Phi'$ definiert ist, eine eineindeutige Abbildung zwischen diesen beiden Mengen. Eine entsprechende Aussage gilt mit $\Phi' \in U(\mu)$ und dim B $\leq 2n - 2$.

Dieser Satz gilt ebenso, wenn man überall U durch SU ersetzt.

Eine U-Struktur von ν wird ebenso wie auf die angegebene Art definiert durch eine Homotopieklasse von Abbildungen $J : E(\nu) \to E(\nu)$ ($E(\nu)$ ist der Totalraum von ν), so daß J jede Faser orthogonal auf sich selbst abbildet und $J^2 = -\mathrm{Id}$. Es sei $I = B \times \mathbb{R} \longrightarrow B$ das triviale reelle Geradenbündel über B. Für das triviale Bündel $2I = B \times \mathbb{R}^2 \to B$ sind die zwei Abbildungen $J_o, -J_o : B \times \mathbb{R}^2 \longrightarrow B \times \mathbb{R}^2$ definiert durch $J_o(b;y_1,y_2) = (b;-y_2,y_1)$ und $-J_o(b;y_1,y_2) = (b;y_2,-y_1)$. Dazu gehören in natürlicher Weise Elemente $\Phi_o, -\Phi_o \in U(2I)$ und $\Psi_o, -\Psi_o \in SU(2I)$.

Für das $O(2n)$-Bündel ν über dem CW-Komplex B mit dim B $\leq 2n - 2$ folgt aus dem Satz 1.7, daß $U(\nu)$ und $U(2I \oplus \nu)$ mittels $\Phi \mapsto \Phi \circ \Phi_o$ in eineindeutiger Beziehung stehen. Das gleiche gilt, wenn man U durch SU und Φ_o durch Ψ_o ersetzt. Wegen dieser Beziehung werden

$U(\nu)$ und $U(2I \oplus \nu)$ sowie $SU(\nu)$ und $SU(2I \oplus \nu)$ identifiziert. Zu $\Phi \in U(\nu)$ (bzw. $\Psi \in SU(\nu)$) wird unter den angegebenen Bedingungen $-\Phi$ (bzw. $-\Psi$) definiert durch $\Phi_o \circ (-\Phi) = (-\Phi_o) \circ \Phi$ (bzw. $\Psi_o \circ (-\Psi) = (-\Psi_o) \circ \Psi$).

1.8. Definition. Eine schwach fast-komplexe Mannigfaltigkeit oder U-Mannigfaltigkeit (bzw. SU-Mannigfaltigkeit) ist ein Paar (M^k, Φ), bestehend aus einer Mannigfaltigkeit M^k und einer U-Struktur $\Phi \in U((2n-k)I \oplus \tau(M^k))$ (bzw. einer SU-Struktur $\Phi \in SU((2n-k)I \oplus \tau(M^k))$), wo $2n \geq k + 2$ und $\tau(M^k)$ das Tangentialbündel von M^k bezeichnet. Es wird $-(M^k, \Phi)$ für $(M^k, -\Phi)$ geschrieben. Aus 1.7 folgt, daß die Definition von n unabhängig ist. Durch Φ wird auf M^k in natürlicher Weise eine Orientierung ausgezeichnet. Zu $-\Phi$ gehört die entgegengesetzte Orientierung von M^k. Es sei $[M^k, \partial M^k] \in H_k(M^k, \partial M^k; Z)$ die zu dieser Orientierung gehörige Fundamentalklasse. Im folgenden wird eine U-Mannigfaltigkeit oder SU-Mannigfaltigkeit (M, Φ) auch kurz mit M bezeichnet.

Wenn (M^k, Φ) eine U-Mannigfaltigkeit ist, dann ist auch ∂M^k eine U-Mannigfaltigkeit. Auf ∂M^k existiert ein Feld von tangentialen Einheitsvektoren $u : \partial M^k \longrightarrow \tau(M^k)$, so daß für jedes $x \in \partial M^k$ der Vektor $u(x)$ senkrecht steht auf $\tau(\partial M^k)$ und nach dem Äußeren von M^k gerichtet ist. u definiert eine Bündelabbildung $h : I \oplus \tau(\partial M^k) \longrightarrow \tau(M^k)$ und $h' = Id + h : (2n-k+1)I \oplus \tau(\partial M^k) \longrightarrow (2n-k)I \oplus \tau(M^k)$. Mit h' induziert $\Phi \in U((2n-k)I \oplus \tau(M^k))$ eine U-Struktur $h'^* \Phi \in U((2n-k+1)I \oplus \tau(\partial M^k))$.

Es sei (M^k, Φ) eine U-Mannigfaltigkeit und M^k differenzierbar in

$\mathbb{R}^{2n+k}$, $2n = k + 2$, eingebettet. Dann ist mit dem Normalenbündel ν

$$(2s - k)I \oplus \tau(M^k) \oplus \nu = (2s + 2n)I,$$

und $(2s + 2n)I$ ist mit der natürlichen U-Struktur von $M^k \times \mathbb{C}^{2s+2n} \longrightarrow M^k$ versehen. Eine U-Struktur $\Phi \in U((2s-k)I \oplus \tau(M^k))$, $2s \geq k+2$, definiert genau eine U-Struktur $\Psi \in U(\nu)$. Umgekehrt wird durch eine U-Struktur des Normalenbündels ν genau ein $\Phi \in U((2s-k)I \oplus \tau(M^k))$ bestimmt, so daß $\Phi \circ \Psi$ gleich der natürlichen U-Struktur von $(2s + 2n)I$ ist.

Ein Diffeomorphismus $f : M^n \longrightarrow N^n$ zweier U-Mannigfaltigkeiten (M^n, Φ) und (N^n, Ψ) induziert eine Abbildung

$$f^* : U((2s - n)I \oplus \tau(N^n)) \longrightarrow U((2s - n)I \oplus \tau(M^n)) .$$

f heißt ein U-Diffeomorphismus, wenn $f^*\Psi = \Phi$. U-diffeomorphe U-Mannigfaltigkeiten werden identifiziert.

Es seien (M^m, Φ) und (N^n, Ψ) zwei U-Mannigfaltigkeiten. Das Produkt $(M^m, \Phi) \times (N^n, \Psi)$ ist wieder eine U-Mannigfaltigkeit $(M^m \times N^n, \Phi \times \Psi)$, wo $\Phi \times \Psi$ wie folgt definiert ist. Es sei h der Standard-Isomorphismus

$$h : ((2r-m)I \oplus \tau(M^m)) \times ((2s-n)I \oplus \tau(N^n)) \rightarrow ((2r+2s-m-n)I \oplus \tau(M^m \times N^n))$$

und $\Phi \in U((2r-m)I \oplus \tau(M^m))$, $\Psi \in U((2s-n)I \oplus \tau(N^n))$. Dann wird $\Phi \times \Psi \in U((2r+2s-m-n)I \oplus \tau(M^m \times N^n))$ definiert durch $\Phi \times \Psi = (h^{-1})^* \Phi \circ \Psi$. Es ist $(N^n \times M^m, \Psi \times \Phi) = (-1)^{mn}(M^m \times N^n, \Phi \times \Psi)$. In [5] wird eine andere Vorzeichenkonvention getroffen, die aber für unsere Zwecke ebenso wie dort keine Rolle spielt, da nur gerade-dimensionale Mannigfaltigkeiten auftreten.

In 1.8 kann überall U durch SU ersetzt werden.

1.9. Ähnlich wie im Falle von orientierten Mannigfaltigkeiten kann man für jedes Paar von topologischen Räumen (X,A) singuläre U-Mannigfaltigkeiten und SU-Mannigfaltigkeiten in (X,A) und eine Bordismus-Relation zwischen solchen Mannigfaltigkeiten definieren. Wie in 1.1 führt man eine Addition ein und definiert die U-Bordismusgruppe von (X,A) $\Omega^U_*(X,A) = \bigoplus_{n=0}^{\infty} \Omega^U_n(X,A)$ und die SU-Bordismusgruppe von (X,A) $\Omega^{SU}_*(X,A) = \bigoplus_{n=0}^{\infty} \Omega^{SU}_n(X,A)$. Man erhält auf diese Weise wie im Falle von $\Omega_*(\;)$ eine verallgemeinerte Homologietheorie.(s. [5] § 3). $\Omega^U_n(pt)$ ist die Kobordismusgruppe Ω^U_n der n-dimensionalen schwach fast-komplexen Mannigfaltigkeiten, $\Omega^{SU}_n(pt)$ ist die Kobordismusgruppe Ω^{SU}_n der n-dimensionalen SU-Mannigfaltigkeiten. Die Elemente aus Ω^U_n stehen in eineindeutiger Beziehung zu den L-Äquivalenzklassen von Mannigfaltigkeiten M^n, die differenzierbar in S^{n+2k}, $2k \geq n+2$ eingebettet sind und deren Normalenbündel eine U-Struktur trägt. Man kann die Theorie der L-Äquivalenzklassen von Thom ([23] Chapitre IV) auf die U-Mannigfaltigkeiten anwenden, um zu beweisen, daß

$$\Omega^U_n(pt) = \Omega^U_n = \pi_{n+2k}(MU(k)), \quad \text{für} \quad 2k > n+2 .$$

Der gleiche Beweis läßt sich für SU-Mannigfaltigkeiten duchführen, so daß

$$\Omega^{SU}_n(pt) = \Omega^{SU}_n = \pi_{n+2k}(MSU(k)), \text{ für } 2k > n+2$$

(vgl. hierzu Novikov [16] Lemma 2.1).

X und Y seien topologische Räume. Die Definition des Produktes von U-Mannigfaltigkeiten in 1.8 gibt Anlaß zu einer Paarung

$$\Omega^U_m(X) \otimes \Omega^U_n(Y) \longrightarrow \Omega^U_{m+n}(X \times Y),$$

die definiert ist durch $[M,f] \times [N,g] = [M \times N, f \times g]$, wo $M \times N$ die in 1.8 definierte U-Struktur $\Phi \times \Psi$ trägt. Ω^U_* ist mit dieser Multiplikation ein graduierter Ring und $\Omega^U_*(X)$ ein Ω^U_*-Modul.

1.10. Zur Definition der Spektren <u>MU</u> und <u>MSU</u> wird die folgende Abbildung eingeführt:

$$(1.11) \quad S^{2m} \wedge M(\xi_{2n}) \longrightarrow M(\xi_{2m}) \wedge M(\xi_{2n}) \longrightarrow M(\xi_{2m+2n}) \quad .$$

Dabei wird S^{2m} als Thomscher Raum des Bündels $\mathbb{R}^{2m} \longrightarrow pt$ betrachtet. ξ_{2m} ist als reelles Vektorraumbündel natürlich orientiert und S^{2m} wird auf eine einzelne Faser von $M(\xi_{2m})$ mit Grad 1 abgebildet. $M(\xi_{2m}) \wedge M(\xi_{2n})$ ist homöomorph zu $M(\xi_{2m} \times \xi_{2n})$, und die Standard-Abbildung $\xi_{2m} \times \xi_{2n} \longrightarrow \xi_{2m+2n}$ induziert eine Abbildung der zugehörigen Thomschen Räume. Eine ähnliche Abbildung erhält man, wenn man ξ_{2k} durch η_{2k} ersetzt (vgl. 1.6). In beiden Fällen induziert diese Abbildung einen Isomorphismus der Kohomologiegruppen in den Dimensionen $< 2m + 4n + 2$ ([5] S. 9).

Definition. Das Spektrum <u>MU</u> ist definiert als die Folge von Räumen $Y_{2n} = MU(n)$, $Y_{2n+1} = SMU(n)$, $n = 0, 1, ..$ mit Abbildungen $\varepsilon_n : SY_n \longrightarrow Y_{n+1}$, wo $\varepsilon_{2n} : SMU(n) \longrightarrow SMU(n)$ die Identität und $\varepsilon_{2n+1}: S^2MU(n) = S^2 \wedge MU(n) \longrightarrow MU(n+1)$ die in (1.11) definierte Abbildung ist.

Das Spektrum $\underline{MSU}$ ist definiert als die Folge von Räumen $Z_{2n} = MSU(n)$, $Z_{2n+1} = SMSU(n)$, $n = 1, 2, \ldots$, zusammen mit den Abbildungen $\varepsilon_n : SZ_n \longrightarrow Z_{n+1}$, wo $\varepsilon_{2n} : SMSU(n) \longrightarrow SMSU(n)$ die Identität ist und $\varepsilon_{2n+1} : S^2MSU(n) \longrightarrow MSU(n+1)$ der in (1.11) angegebenen Abbildung für den Fall SU entspricht.

Ebenso wie im Falle von orientierten Mannigfaltigkeiten können für jedes CW-Paar (X,A) Homomorphismen

$$\tau^U : \Omega_n^U(X,A) \longrightarrow H_n(X,A;\underline{MU}) \quad \text{und}$$

$$\tau^{SU} : \Omega_n^{SU}(X,A) \longrightarrow H_n(X,A;\underline{MSU})$$

definiert werden. Diese Homomorphismen sind verträglich mit den durch stetige Abbildungen induzierten Homomorphismen sowie mit den Randoperatoren der Homologiesequenz. Die verallgemeinerten Homologietheorien $\{\Omega_*^U(\ ), \partial\}$ und $\{H_*(\ ;\underline{MU}), \partial\}$ sind isomorph auf der Kategorie der CW-Komplexe. Das gleiche gilt für die verallgemeinerten Homologietheorien $\{\Omega_*^{SU}(\ ), \partial\}$ und $\{H_*(\ ;\underline{MSU}), \partial\}$. Diese isomorphen Theorien werden mit dem gleichen Symbol $\Omega_*^U(\ )$ bzw. $\Omega_*^{SU}(\ )$ bezeichnet.

1.12. In ähnlicher Weise kann man Spin-Bordismusgruppen definieren. Die Grundlagen dazu findet man in der Arbeit [15] von Milnor.

1.13. Es sei G eine der Gruppen U, SU, SO, Spin und (X,A) ein Raumpaar. Jedes Element aus $\Omega_n^G(X,A)$ wird repräsentiert durch eine G-Mannigfaltigkeit M^n zusammen mit einer stetigen Abbildung

$f : (M^n, \partial M^n) \longrightarrow (X,A)$. Durch die G-Struktur ist M^n in natürlicher Weise orientiert. Die Fundamentalklasse dieser Orientierung $[M^n, \partial M^n] \in H_n(M^n, \partial M^n; Z)$ wird durch $f_* : H_n(M^n, \partial M^n; Z) \longrightarrow H_n(X,A;Z)$ in ein Element aus $H_n(X,A;Z)$ abgebildet . Die Zuordnung $[M^n, f] \longrightarrow f_*[M^n, \partial M^n]$ definiert einen Homomorphismus

$$\mu : \Omega_n^G(X,A) \longrightarrow H_n(X,A;Z) ,$$

der als Fundamentalklassen-Homomorphismus bezeichnet wird.

1.14. Ein wichtiges Hilfsmittel zur Untersuchung der Bordismusgruppen eines CW-Komplexes ist die Spektral-Sequenz.

Satz. Zu jedem CW-Paar (X,A) gibt es eine Spektralsequenz von $\Omega_*^G(X,A)$, deren E^2-Term die Form

$$E^2_{p,q} = H_p(X,A;\Omega_q^G)$$

hat, wo auf der rechten Seite der Gleichung eine singuläre Homologiegruppe mit Koeffizienten in Ω_q^G steht. Der Term $E^\infty_{p,q}$ ist zu einer Filtrierung von $\Omega_{p+q}^G(X,A)$ assoziiert.

Diese Spektralsequenz gibt sofort Auskunft über den Rang der untersuchten Bordismusgruppen. Denn nach Dold [7] ist nach Tensorieren mit $\mathbb{Q}$ die Spektralsequenz trivial und daher

$$(1.15) \qquad \Omega_n^G(X,A) \otimes \mathbb{Q} = \bigoplus_{p+q=n} H_p(X,A;\Omega_q^G \otimes \mathbb{Q}).$$

In [4] und [5] wird die Spektralsequenz benutzt zur Untersuchung von $\Omega_*^{SO}(X,A)$ bzw. $\Omega_*^U(X,A)$. Die beiden folgenden Sätze aus [5] werden in dieser Arbeit mehrfach benutzt.

1.16. Satz ([5] (1.5)). Es sei (X,A) ein CW-Paar mit $H_*(X,A;Z)$ frei abelsch und $H_{2n+1}(X,A;Z) = 0$ für alle nicht-negativen ganzen Zahlen n. Dann ist der Fundamentalklassen-Homomorphismus $\mu : \Omega^U_*(X,A) \longrightarrow H_*(X,A;Z)$ sürjektiv. Wenn $\{x_i\}$ eine homogene Basis für den freien Z-Modul $H_*(X,A;Z)$ ist, wähle man für jedes i ein homogenes $y_i \in \Omega^U_*(X,A)$ derart, daß $\mu(y_i) = x_i$. Dann ist $\Omega^U_*(X,A)$ ein freier Ω^U_*-Modul mit Basis $\{y_i\}$. Insbesondere ist $\Omega^U_*(X,A) \cong H_*(X,A;Z) \otimes \Omega^U_*$ ein Isomorphismus von graduierten Moduln.

(M,f) repräsentiere ein Element aus $\Omega^U_{2n}(X,A)$, und $c = 1 + c_1 + \ldots + c_n$ sei die totale Chernsche Klasse der schwach fast-komplexen Mannigfaltigkeit M. Für jede Partition $\omega = (i_1,\ldots,i_r)$ sei $c_\omega = c_{i_1} c_{i_2} \ldots c_{i_r} \in H^{2(i_1+\ldots+i_r)}(M;Z)$ und x sei ein Element aus $H^s(X,A;Z)$ mit $s + 2(i_1 + \ldots + i_r) = 2n$. Dann ist $f^*(x) \in H^s(M,\partial M;Z)$ und $f^*(x)c_\omega[M,\partial M]$ ist eine ganze Zahl. Alle so konstruierten Zahlen heißen die charakteristischen Zahlen (oder auch die Chernschen Zahlen) von (M,f). Diese charakteristischen Zahlen sind Invarianten der Bordismusklasse $[M,f]$. Diese Definition gilt natürlich ebenso für Elemente aus $\Omega^{SU}_{2n}(X,A)$ und ähnlich für Elemente aus $\Omega^{SO}_{2n}(X,A)$. Im letzten Fall sind die Chernschen Klassen durch Pontrjaginsche Klassen zu ersetzen und $x \in H^s(X,A;Z)$ zu wählen mit $s + 4(i_1 + \ldots + i_r) = 2n$.

1.17. Satz ([5] (3.2)). Es sei (X,A) ein CW-Paar wie in 1.16. Zwei Elemente $[M,f]$ und $[N,g]$ aus $\Omega^U_n(X,A)$ sind genau dann gleich, wenn sie gleiche charakteristische Zahlen haben für jede Partition ω und jedes $x \in H^*(X,A;Z)$.

§ 2 Vorbereitungen und Bezeichnungen

2.1. G bezeichne eine der Gruppen SO, Spin, U, SU und H eine der Gruppen U(k) oder SO(k).

M^n sei eine G-Mannigfaltigkeit und $\tau : M^n \to BG$ sei eine zu der Reduktion der Strukturgruppe des stabilen Tangentialbündels von M^n gehörige charakteristische Abbildung von M^n in den klassifizierenden Raum BG von G. Es sei ξ ein Vektorraumbündel über M^n mit Strukturgruppe H. Eine charakteristische Abbildung $M^n \longrightarrow BH$ von ξ wird mit dem gleichen Symbol ξ bezeichnet. Zu dem Paar (M^n, ξ) gehört ein Homomorphismus

$$\gamma^{G,H}(M^n,\xi) \; : \; H^n(BG \times BH; \mathbb{Q}) \longrightarrow \mathbb{Q},$$

der definiert ist durch

$$(2.2) \qquad \gamma^{G,H}(M^n,\xi)(u) = d^*(\tau \times \xi)^*(u)[M^n]$$

für alle $u \in H^n(BG \times BH; \mathbb{Q})$. Dabei ist $d : M^n \longrightarrow M^n \times M^n$ die Diagonalabbildung.

Für die rechte Seite von (2.2) wird im folgenden immer $u[M^n, \xi]$ geschrieben. Wenn x ein Element aus dem direkten Produkt $H^{**}(BG \times BH; \mathbb{Q})$ ist, wird $x[M^n,\xi]$ definiert als $x[M^n,\xi] = x^n[M^n,\xi]$, wo $x^n \in H^n(BG \times BH; \mathbb{Q})$ die n-dimensionale Komponente von x ist.

Mit $R^n(BG \times BH; \mathbb{Q}/Z)$ wird die Untergruppe derjenigen Elemente aus $H^n(BG \times BH; \mathbb{Q})$ bezeichnet, auf denen $\gamma^{G,H}(M^n,\xi)$ ganzzahlige Werte annimmt für alle Paare (M^n, ξ) von G-Mannigfaltigkeiten M^n und stetigen Abbildungen $\xi : M^n \longrightarrow BH$. Die Gruppe $R^n(BG \times BH; Q/Z)$ heißt Gruppe der Relationen zwischen den (gemischten) charakteristischen Zahlen einer n-dimensionalen G-Mannigfaltigkeit und eines H-Bündels. Ziel dieser Arbeit ist es, diese Relationen zu bestimmen. Das ist die Verallgemeinerung eines Problems von Hirzebruch über die Relationen zwischen den charakteristischen Zahlen von Mannigfaltigkeiten mit G-Struktur, das ist die Bestimmung von $R^n(BG; Q/Z)$ für alle n. Für $G = U$ wurden diese Relationen von Hattori [9] und Stong [21] und in den anderen Fällen von Stong in [21] und [22] bestimmt. In den Untersuchungen der vorliegenden Arbeit werden die Methode von Stong und seine Ergebnisse benutzt.

Das Paar (M^n, ξ), bestehend aus der G-Mannigfaltigkeit M^n und dem H-Bündel ξ über M^n, repräsentiert ein Element $[M^n, \xi] \in \Omega_n^G(BH)$. Die in (2.2) gegebene Zuordnung $(M^n, \xi) \longmapsto \gamma^{G,H}(M^n, \xi)$ definiert einen Homomorphismus

$$\gamma^{G,H} : \Omega_n^G(BH) \longrightarrow \mathrm{Hom}(H^n(BG \times BH; Q), Q) = H_n(BG \times BH; Q)$$

durch $\gamma^{G,H}[M^n, \xi] = \gamma^{G,H}(M^n, \xi)$. Wenn keine Verwechslungen möglich sind, wird meist γ statt $\gamma^{G,H}$ geschrieben.

2.3. Satz. $\gamma^{G,H} : \Omega_n^G(BH) \longrightarrow H_n(BG \times BH; Q)$ bildet $\Omega_n^G(BH)/\mathrm{Torsion}$ isomorph auf einen freien Z-Modul in $H_n(BG \times BH; Q)$ von maximalem Rang ab.

Beweis. Zunächst gibt es einen Automorphismus α von $H_*(BG \times BH; Q)$, so daß $\gamma^{G,H} = \alpha \cdot \nu^{G,H}$, wo $\nu^{G,H} : \Omega_n^G(BH) \longrightarrow H_n(BG \times BH; Q)$

definiert ist durch $\nu^{G,H}[M,\xi](x) = d^*(\nu \times \xi)^*(x)[M]$ für alle $x \in H^n(BG \times BH;Q)$, und $\nu : M \to BG$ ist die charakteristische Abbildung des stabilen Normalenbündels mit der induzierten G-Struktur. Man kann deshalb $\nu^{G,H}$ statt $\gamma^{G,H}$ betrachten. $\nu^{G,H}$ läßt sich beschreiben durch die Folge von Abbildungen

$$\Omega_n^G(BH) \cong \text{dir lim}\ \pi_{n+\varkappa(k)}(MG(k)\wedge BH/\emptyset) \xrightarrow{h} \text{dir lim}\ H_{n+\varkappa(k)}(MG(k)\wedge BH/\emptyset;Z)$$

$$\xrightarrow{\Phi} \text{dir lim}\ H_n(BG(k)\times BH;Z) = H_n(BG\times BH;Z) \xrightarrow{k} H_n(BG\times BH;Q) .$$

Hier ist $\varkappa(k) = k$ für $G = SO$ oder Spin und $\varkappa(k) = 2k$ für $G = U$ oder SU. h ist der stabile Hurewicz-Homomorphismus, Φ der Thomsche Isomorphismus und k der durch $Z \to Q$ induzierte Koeffizienten-Homomorphismus. Wenn mit $\mathcal{C}$ die Serresche Klasse der endlichen Gruppen bezeichnet wird, dann ist h ein $\mathcal{C}$-Isomorphismus. Diese Aussage gilt allgemein für Spektren. Wenn $\underline{E}$ ein Spektrum ist, dann ist der durch den Hurewicz-Homomorphismus induzierte Homomorphismus $\pi_n(\underline{E}) \to H_n(\underline{E};Z)$ ein $\mathcal{C}$-Isomorphismus (s. Milnor [13] S. 517).

Die oben definierte Gruppe $R^n(BG\times BH;Q/Z)$ ist das ganzzahlige Dual von $\gamma\Omega_n^G(BH)$.+)

2.4. Die rationale Kohomologie der klassifizierenden Räume BG und BH ist bekannt, und es ist $H^*(BG\times BH;Q) = H^*(BG;Q)\otimes H^*(BH;Q)$. Der Kohomologiering von BU mit Koeffizienten in Q ist der rationale Polynomring in den universellen Chernschen Klassen c_1, c_2, ..., $\dim c_i = 2i$, und $H^*(BU(k);Q)$ ist der rationale Polynomring in den universellen Chernschen Klassen $c_1^k, c_2^k, \ldots, c_k^k \in H^*(BU(k);Q)$,

+) D.h. der Z-Modul $R^n(BG\times BH;Q/Z)$ besteht aus den $y \in H^n(BG\times BH;Q)$ mit der Eigenschaft, daß $\langle y,z\rangle \in Z$ für alle $z \in \gamma\Omega_n^G(BH)$.

dim $c_i^k = 2i$. Der obere Index k wird eingeführt, um die universellen Chernschen Klassen aus $H^*(BU;\mathbb{Q})$ und $H^*(BU(k);\mathbb{Q})$ unterscheiden zu können. Die Inklusionen $SU(k) \subset U(k)$, $1 \leq k \leq \infty$, induzieren eine Abbildung $j : BSU \longrightarrow BU$ der klassifizierenden Räume und einen sürjektiven Homomorphismus $j^*: H^*(BU;\mathbb{Q}) \longrightarrow H^*(BSU;\mathbb{Q})$, dessen Kern das von c_1 erzeugte Ideal ist.

$H^*(BSO;\mathbb{Q})$ ist der rationale Polynomring in den universellen Pontrjaginschen Klassen $p_1, p_2, \ldots$, mit $p_i \in H^{4i}(BSO;\mathbb{Q})$. $H^*(BSO(2k+1);\mathbb{Q})$ ist der rationale Polynomring in den universellen Pontrjaginschen Klassen $p_1^k, p_2^k, \ldots, p_k^k$ mit $p_i^k \in H^{4i}(BSO(2k+1);\mathbb{Q})$, und $H^*(BSO(2k);\mathbb{Q})$ ist der rationale Polynomring in den universellen Pontrjaginschen Klassen $p_1^k, p_2^k, \ldots, p_{k-1}^k$ und der universellen Eulerschen Klasse $e_k \in H^{2k}(BSO(2k);\mathbb{Q})$ mit $(e_k)^2 = p_k^k$ (s. Milnor [14]). Die durch die natürliche Projektion $\lambda: Spin(k) \to SO(k)$, $1 \leq k \leq \infty$, induzierte Abbildung $BSpin(k) \to BSO(k)$ induziert einen Isomorphismus der rationalen Kohomologieringe von $BSpin(k)$ und $BSO(k)$. Beide werden unter diesem Isomorphismus identifiziert. Ebenso werden die rationalen Homologiegruppen der beiden Räume identifiziert.

$H^n_{U,U(k)}$ sei der von den Monomen vom Grade n in den c_i und c_j^k erzeugte Z-Modul. Es ist $H^n_{U,U(k)} = H^n(BU \times BU(k);Z)$. Weiter sei $H_n^{U,U(k)} \subset H_n(BU \times BU(k);\mathbb{Q}) = Hom(H^n(BU \times BU(k);\mathbb{Q}),\mathbb{Q})$ das ganzzahlige Dual von $H^n_{U,U(k)}$. Entsprechend werden $H^n_{G,H}$ und $H_n^{G,H}$ für $G \neq U$ oder $H \neq U(k)$ definiert. Es gilt immer $\gamma\Omega_n^G(BH) \subset H_n^{G,H}$. Nun sei $A_n^{G,H}$ ein Untermodul von $H_n^{G,H}$. Dann gilt der folgende Satz.

2.5. Satz. Wenn $\gamma\Omega_n^G(BH) \subset A_n^{G,H}$ und zu jeder Primzahl p

Elemente $u_1^p,\ldots,u_s^p \in \Omega_n^G(BH)$ existieren, so daß die Bilder der $\gamma(u_1^p),\ldots,\gamma(u_s^p)$ eine Basis von $A_n^{G,H} \otimes Z_p$ bilden, dann ist $A_n^{G,H}$ ein freier Z-Modul und

$\gamma\,\Omega_n^G(BH) = A_n^{G,H}$.

Beweis. $A_n^{G,H}$ ist als Untermodul von $H_n^{G,H}$ ein freier Z-Modul. Für jede Primzahl p induziert γ einen Isomorphismus $(\Omega_n^G(BH)/\mathrm{Tors.}) \otimes Z_p \longrightarrow A_n^{G,H} \otimes Z_p$. Da $\gamma\Omega_n^G(BH)$ maximalen Rang hat, ist $A_n^{G,H}/\gamma\Omega_n^G(BH)$ eine endliche Gruppe. Es sei $q_1, \ldots, q_s$ eine Basis von $A_n^{G,H}$, und $r_1,\ldots,r_s$ seien ganze Zahlen, so daß $r_1q_1,\ldots,r_sq_s$ eine Basis von $\gamma\Omega_n^G(BH)$ ist. Wenn ein $r_j \neq \pm 1$ ist, dann gibt es eine Primzahl p, die r_j teilt. Das liefert einen Widerspruch zum Vorhergehenden. (Vgl. Stong [21] Proposition 2 und Conner-Floyd [6] (14.3).)

Kandidaten für die Z-Moduln $A_n^{G,H}$ werden durch die verschiedenen Ganzzahligkeitssätze geliefert. Zu ihrer Definition werden zunächst weitere Bezeichnungen eingeführt.

2.6. Die totale Chernsche Klasse $c = 1 + \sum_{i=1}^{\infty} c_i \in H^{**}(BU;Q)$ ($H^{**}(BU;Q)$ ist das direkte Produkt der Kohomologiegruppen $H^i(BU;Q)$) wird formal geschrieben als $c = \prod(1 + x_i)$. Damit wird die totale Toddsche Klasse definiert

$$\mathcal{T} = \prod \frac{x_i}{1 - e^{-x_i}} \quad \in \quad H^{**}(BU;Q).$$

Wenn $t_1,t_2,\ldots,t_n$ Unbestimmte sind, dann seien $\sigma_1,\sigma_2,\ldots,\sigma_n$

die elementarsymmetrischen Funktionen von $t_1,\ldots,t_n$. Es sei $\omega = (i_1,i_2,\ldots,i_s)$ eine Partition von k. Das symmetrische Polynom $s_\omega(\sigma_1,\ldots,\sigma_n)$ ist definiert als das kleinste symmetrische Polynom in $t_1,\ldots,t_n$, das das Monom $t_1^{i_1} t_2^{i_2} \ldots t_s^{i_s}$ enthält. Wenn $k \leq n$ ist, dann ist das Polynom $s_\omega(\sigma_1,\ldots,\sigma_n)$ als Polynom in den elementarsymmetrischen Funktionen von n unabhängig (vgl. Milnor [14] S. 88). Mit dieser Bemerkung läßt sich $s_\omega(c) = s_\omega(c_1,c_2,\ldots)$ mit den Unbestimmten x_i definieren. $s_\omega(e_c)$ wird definiert als die Funktion s_ω in den Unbestimmten $\{e^{x_i} - 1\}$.

Die totale universelle Pontrjaginsche Klasse $p = 1 + \sum_{i=1}^{\infty} p_i \in H^{**}(BSO;\mathbb{Q})$ wird formal geschrieben als $p = \prod (1 + x_i^2)$. Die universellen Klassen $\hat{\alpha}$ und α aus $H^{**}(BSO;\mathbb{Q})$ werden definiert durch

$$\hat{\alpha} = \prod \frac{x_i/2}{\sinh x_i/2} \qquad \text{und} \qquad \alpha = \prod \frac{2x_i}{\sinh 2x_i} .$$

Für alle Partitionen ω wird die Potenzreihe $s_\omega(e_p) \in H^{**}(BSO;\mathbb{Q})$ als die symmetrische Funktion s_ω in den Unbestimmten $\{e^{x_i} + e^{-x_i} - 2\}$ definiert.

Entsprechend sei die totale universelle Chernsche Klasse $c^k \in H^*(BU(k);\mathbb{Q})$ geschrieben als $c^k = \prod_{i=1}^{k}(1 + t_i)$. Für jede Partition ω sei $s_\omega^k(c) = s_\omega(c_1^k,\ldots,c_k^k)$, und $s_\omega^k(e_c)$ sei die symmetrische Funktion s_ω in den Unbestimmten $e^{t_1} - 1,\ldots,e^{t_k} - 1$. Ist $\omega = (i_1,\ldots,i_s)$ und $s > k$, dann ist $s_\omega^k(c) = s_\omega^k(e_c) = 0$.

Die totale universelle Pontrjagin-Klasse p^k in $H^*(BSO(2k);\mathbb{Q})$ bzw. $H^*(BSO(2k+1);\mathbb{Q})$ wird formal geschrieben als $p^k = \prod_{i=1}^{k}(1 + t_i^2)$. In dieser formalen Schreibweise hat die Euler-Klasse in $H^{2k}(BSO(2k);\mathbb{Q})$ die Form $t_1 t_2 t_3 \ldots t_k$. Die Potenzreihe $s_\omega^k(e_p) \in H^{**}(BSO(2k);\mathbb{Q})$ (bzw. $\in H^{**}(BSO(2k+1);\mathbb{Q})$) ist definiert als die symmetrische Funktion s_ω in $e^{t_1} + e^{-t_1} - 2, \ldots, e^{t_k} + e^{-t_k} - 2$. Es wird eine weitere Klasse $\tilde{\alpha}_k \in H^{**}(BSO(2k);\mathbb{Q})$ definiert durch

$$\tilde{\alpha}_k = \prod_{i=1}^{k} \frac{t_i}{\sinh t_i} \quad .$$

2.6. ξ sei ein komplexes Vektorraumbündel der Dimension k über dem endlichen CW-Komplex X. Mit $\lambda^i \xi$ wird die i-te äußere Potenz von ξ bezeichnet. Die Zuordnung $\xi \mapsto \lambda^i \xi$ läßt sich erweitern zu einer Operation $\lambda^i : K(X) \longrightarrow K(X)$ (s. z.B. [1]). Mit einer Unbestimmten t wird λ_t definiert durch

$$\lambda_t(x) = \sum_{i=0}^{\infty} \lambda^i(x) t^i \qquad \text{für alle } x \in K(X).$$

Atiyah führt in [1] Operationen $\gamma^i : K(X) \longrightarrow K(X)$ ein durch die Gleichung $\gamma_t = \lambda_{t/(1-t)}$, d. h. explizit

$$\sum_{i=0} \gamma^i t^i = \sum_{i=0} \lambda^i t^i/(1 - t)^i$$

Es sei $c(\xi) = \prod_{i=1}^{k}(1 + x_i)$ die totale Chernsche Klasse von ξ, und $ch : K(X) \longrightarrow H^*(X;\mathbb{Q})$ sei die durch den Chernschen Charakter induzierte natürliche Transformation. Es ist $ch(\xi) = k + \sum_{i=1}^{k}(e^{x_i} - 1)$ und

$$ch(\gamma^i(\xi - k)) = \sigma_i(e^{x_1} - 1, \ldots, e^{x_k} - 1) \ ,$$

wo auf der rechten Seite der Gleichung die i-te elementarsymmetrische Funktion in den angegebenen Variablen steht.

In ähnlicher Weise werden die Operationen $\gamma^i : KO(X) \to KO(X)$ in der KO-Theorie definiert. Es sei η ein reelles Vektorraumbündel über X mit Faserdimension k. Die Pontrjaginschen Klassen von η werden definiert mit Hilfe der Chernschen Klassen der Komplexifizierung η_C von η durch $p_i(\eta) = (-1)^i c_{2i}(\eta_C)$. In formaler Schreibweise ist $p(\eta) = \prod_{i=1}^{s}(1 + t_i^2)$ mit $s = \left[\frac{k}{2}\right]$ und $c(\eta_C) = \prod_{i=1}^{s} (1 + t_i)(1 - t_i)$. Der Pontrjaginsche Charakter von η wird definiert durch

$$ph(\eta) = ch(\eta_C) = k + \sum_{i=1}^{s} (e^{t_i} + e^{-t_i} - 2).$$

Die i-te elementarsymmetrische Funktion in $e^{x_1} + e^{-x_1} - 2, \ldots, e^{x_s} + e^{-x_s} - 2$ ist ein Polynom in den $ph(\gamma^\nu(\eta - k))$.

2.7. Definition. $S^{**}_{U,U(k)}$ sei der Z-Modul von Potenzreihen in $H^{**}(BU \times BU(k);Q)$, der erzeugt wird von den Potenzreihen der Form

$$s_\mu(e_c) \times s^k_\omega(e_c) \qquad \text{für alle Partitionen } \mu, \omega .$$

Entsprechend wird $S^{**}_{U,SO(k)}$ definiert als der Z-Modul von Potenzreihen in $H^{**}(BU \times BSO(k);Q)$, der erzeugt wird durch $s_\mu(e_c) \times s^{[k/2]}_\omega(e_p)$ für alle Partitionen μ und ω . Ähnlich werden die anderen Z-Moduln $S^{**}_{G,H}$ erklärt.

§ 3 Komplexe Vektorraumbündel über schwach fast-komplexen und orientierten Mannigfaltigkeiten

3.1. Definition. Für jede Partition $\omega = (i_1, i_2, \ldots, i_s)$, $i_1 \leq i_2 \leq \ldots \leq i_s$, sei $n(\omega) = s$ und $d(\omega) = \sum_{\nu=1}^{s} i_\nu$. Unter den Partitionen wird eine Ordnung eingeführt: Es sei

$\omega < \mu$ wenn a) $d(\omega) < d(\mu)$

oder b) $d(\omega) = d(\mu)$ und $n(\omega) < n(\mu)$

oder c) $d(\omega) = d(\mu)$ und $n(\omega) = n(\mu)$ und von den ersten beiden Zahlen aus ω und μ, die verschieden sind, die größere in μ liegt.

Auf den Paaren von Partitionen $(\omega_1; \omega_2)$ wird folgendermaßen eine Ordnung erklärt:

$(\omega_1; \omega_2) < (\mu_1; \mu_2)$, wenn a) $\omega_2 < \mu_2$

oder b) $\omega_2 = \mu_2$ und $\omega_1 < \mu_1$.

Aus $(\omega_1; \omega_2) < (\mu_1; \mu_2)$ und $(\omega_1'; \omega_2') < (\mu_1'; \mu_2')$ folgt $(\omega_1 + \omega_1'; \omega_2 + \omega_2') < (\mu_1 + \mu_1'; \mu_2 + \mu_2')$.

Ein Element $[M, \xi] \in \Omega_*^U(BU(k))$ heißt vom Typ $(\omega; \mu)$ (bzw. mod p vom Typ $(\omega; \mu)$, p eine Primzahl), wenn $\mathcal{J}s_\omega(e_c) \times s_\mu^k(e_c)[M, \xi] = 1$ (bzw. $\not\equiv 0$ mod p), und wenn für alle Paare von Partitionen $(\varkappa; \lambda)$ mit $(\omega; \mu) < (\varkappa; \lambda)$ gilt, daß $\mathcal{J}s_\varkappa(e_c) \times s_\lambda^k(e_c)[M, \xi] = 0$ (bzw. $\equiv 0$ mod p). Dabei sind μ und λ natürlich Partitionen mit höchstens k natürlichen Zahlen. $[M] \in \Omega_*^U$ heißt vom Typ ω, wenn $[M$, triviales U(k)-Bündel$] \in \Omega_*^U(BU(k))$ vom Typ $(\omega; 0)$ ist, entsprechend mod p. Ähnliche Definitionen werden für die Elemente aus den übrigen Gruppen $\Omega_*^G(BH)$ benutzt.

3.2. Satz (Conner-Floyd [6]). Wenn $[M,\xi] \in \Omega^U_m(BU(k))$ vom Typ $(\omega;\omega')$ (bzw. mod p vom Typ $(\omega;\omega')$, p eine Primzahl) ist und $[N] \in \Omega^U_n$ vom Typ μ (bzw. mod p vom Typ μ) ist, dann ist $[N][M,\xi] \in \Omega^U_{m+n}(BU(k))$ vom Typ $(\mu+\omega;\omega')$ (bzw. mod p vom Typ $(\mu+\omega;\omega')$).

Beweis. Es ist $(\mathcal{T}s_\gamma(e_c) \times s^k_{\gamma'}(e_c))[N][M,\xi] =$

$$= \sum_{\alpha+\beta=\gamma} \mathcal{T}s_\alpha(e_c)[N] \cdot (\mathcal{T}s_\beta(e_c) \times s^k_{\gamma'}(e_c))[M,\xi] .$$

Wenn $(\gamma;\gamma') > (\omega+\mu;\omega')$, dann ist entweder $\alpha > \mu$ oder $(\beta;\gamma') > (\omega;\omega')$ und

$$\mathcal{T}s_\alpha(e_c)[N] \cdot (\mathcal{T}s_\beta(e_c) \times s^k_{\gamma'}(e_c))[M,\xi] = 0 \text{ (bzw. } \equiv 0 \text{ mod p).}$$

Wenn $(\gamma;\gamma') = (\omega+\mu;\omega')$, dann ist $\alpha \geq \mu$ oder $\beta \geq \omega$, und der einzige Ausdruck auf der rechten Seite der ersten Gleichung, der nicht verschwindet, ist

$$\mathcal{T}s_\mu(e_c)[N] \cdot (\mathcal{T}s_\omega(e_c) \times s^k_{\omega'}(e_c))[M,\xi] = 1 \text{ (bzw. } \not\equiv 0 \text{ mod p).}$$

Ein ähnlicher Satz gilt natürlich auch für $\Omega^G_*(BH)$, wo $G \neq U$ oder $H \neq U(k)$.

3.3. Es sei $S^{U,U(k)}_*$ das ganzzahlige Dual von $\mathcal{T}S^{**}_{U,U(k)}$ und $A^{U,U(k)}_n = S^{U,U(k)}_* \cap H_n(BU \times BU(k);\mathbb{Q})$, das ist die Menge der $x \in H_n(BU \times BU(k);\mathbb{Q})$, die auf den n-dimensionalen Komponenten aller Potenzreihen der Form $\mathcal{T}s_\omega(e_c) \times s^k_{\omega'}(e_c)$ ganzzahlige Werte annehmen. Es ist $\gamma\Omega^U_n(BU(k)) \subset A^{U,U(k)}_n$, und $A^{U,U(0)}_n$ ist der bei Stong [21] definierte Z-Modul B^U_n. Stong hat in [21] das folgende Ergebnis bewiesen.

3.4. Satz ([21] Proposition 3). Für jede Primzahl p und jede natürliche Zahl i gibt es komplexe Mannigfaltigkeiten M_i^p (dim $M_i^p = 2i$), so daß gilt:

(a) M_i^p ist mod p vom Typ (i), wenn $i + 1 \neq p^s$, und

(b) M_i^p ist mod p vom Typ $\underbrace{(p^{s-1} - 1, p^{s-1} - 1, \ldots, p^{s-1} - 1)}_{p \text{ mal}}$

für $i + 1 = p^s$ mit $s \geq 1$. Für $i + 1 = p$ heißt das, daß M_i^p mod p vom Typ (0) ist. (vgl. auch Conner-Floyd [6]).

3.5. Satz. Zu jeder Partition $\omega = (i_1, i_2, \ldots, i_s)$ von n mit $s \leq k$ gibt es ein Paar (N_ω, ξ_ω), bestehend aus einer 2n-dimensionalen komplexen Mannigfaltigkeit N_ω und einem komplexen Vektorraumbündel ξ_ω über N_ω mit Faser $\mathbb{C}^k$, so daß $\mathcal{T} \times s_\omega^k(e_c)[N_\omega, \xi_\omega] = 1$ und für jedes Paar von Partitionen $(\varkappa; \lambda)$ mit $\lambda > \omega$ gilt $\mathcal{T} s_\varkappa(e_c) \times s_\lambda^k(e_c)[N_\omega, \xi_\omega] = 0$, d. h. $[N_\omega, \xi_\omega] \in \Omega_{2n}^U(BU(k))$ ist vom Typ $(0;\omega)$.

Beweis. Man wähle $N_\omega = \mathbb{C}P(\omega) = \mathbb{C}P(i_1) \times \mathbb{C}P(i_2) \times \ldots \times \mathbb{C}P(i_s)$ und bezeichne mit $\pi_j : N_\omega \rightarrow \mathbb{C}P(i_j)$ die Projektion auf den j-ten Faktor. ξ_j sei das ausgezeichnete Geradenbündel über $\mathbb{C}P(i_j)$ mit erster Chernscher Klasse $c_1(\xi_j) = x_j$, und es sei $\xi_\omega = \pi_1^* \xi_1 \oplus \ldots \oplus \pi_s^* \xi_s \oplus (k - s) I_C$, wo I_C das triviale komplexe Geradenbündel $\mathbb{C}P(\omega) \times \mathbb{C} \rightarrow \mathbb{C}P(\omega)$ bezeichnet. Mit dieser Definition rechnet man die Behauptung leicht nach.

Mit Hilfe dieser beiden Sätze zeigt man leicht, daß $A_{2n}^{U,U(k)}$ für jedes n die Voraussetzungen des Satzes 2.5 erfüllt. Denn für jedes Paar von Partitionen $(\mu;\omega)$ mit $n(\omega) \leq k$, $d(\mu) + d(\omega) = n$

und $\mu = (j_1, j_2, \ldots, j_r)$ sei

$$(W^p_{\mu,\omega}, \xi^p_{\omega}) = M^p_{j_1} \times M^p_{j_2} \times \ldots \times M^p_{j_r} \times (N_{\omega}, \xi_{\omega}) \quad .$$

Die so auftretenden $(W^p_{\mu,\omega}, \xi_{\omega})$ sind alle mod p von verschiedenem Typ, und daher sind ihre Bilder unter γ in $A^{U,U(k)}_{2n} \otimes Z_p$ linear unabhängig und bilden aus Dimensionsgründen eine Basis. Damit ist der folgende Satz bewiesen.

3.6. Satz. $\gamma \Omega^U_n(BU(k)) = A^{U,U(k)}_n$. D. h. alle Relationen zwischen den charakteristischen Zahlen einer schwach fast-komplexen Mannigfaltigkeit und eines U(k)-Bündels werden durch die Riemann-Roch-Formel

$$z\,\mathcal{T}[M,\xi] \in Z \quad \text{mit} \quad z \in S^{**}_{U,U(k)}$$

gegeben.

3.7. Der Z-Modul $A^{SO,U(k)}_n \subset H_n(BSO \times BU(k); Q)$ wird definiert als das ganzzahlige Dual von $(\mathfrak{A} S^{**}_{SO,U(k)})^n$, und der Z-Modul $A^{Spin,U(k)}_n \subset H_n(BSO \times BU(k); Q)$ wird definiert als das ganzzahlige Dual von $(\hat{\mathfrak{A}} S^{**}_{SO,U(k)})^n$. Da für die zu den Klassen $\mathfrak{A}$ und $\hat{\mathfrak{A}}$ gehörigen homogenen Polynome A_m und $\hat{A}_m$ vom Grade 4m in den Pontrjaginschen Klassen (s. dazu Hirzebruch [10] und [2] II) gilt

$$\hat{A}_m = 2^{-4m} A_m \qquad ,$$

ist für jede ungerade Primzahl p $A^{SO,U(k)}_n \otimes Z_p = A^{Spin,U(k)}_n \otimes Z_p$. Der Z-Modul $A^{Spin,1}_n$ ist gleich dem von Stong in [21] definierten $B^{Spin}_n = B^{SO}_n$. Der folgende Satz von Stong bleibt auch für die

$A_n^{SO,1}$ richtig. Für jede ungerade Primzahl p spielt eine Zweier-Potenz als Faktor keine Rolle. Für p = 2 ist das von Stong in [21] Proposition 4 definierte N_i^2 immer vom Typ (i), d. h. es ist $\hat{\mathfrak{A}} s_i(e_p)[N_i^2] = s_i(p)[N_i^2] = \mathfrak{A} s_i(e_p)[N_i^2] \equiv 1 \bmod 2$, und für jede Partition $\mu > (i)$ ist $d(\mu) > i$, so daß $\hat{\mathfrak{A}} s_\mu(e_p)[N_i^2] = \mathfrak{A} s_\mu(e_p)[N_i^2] = 0$ aus Dimensionsgründen.

3.8. Satz ([21] Proposition 4). Zu jeder Primzahl p und jeder natürlichen Zahl i gibt es orientierte Mannigfaltigkeiten N_i^p der Dimension 4i, so daß gilt:

(a) N_i^p ist mod p vom Typ (i), wenn $2i+1 \neq p^s$ und

(b) N_i^p ist mod p vom Typ $(\underbrace{\frac{p^{s-1}-1}{2}, \ldots, \frac{p^{s-1}-1}{2}}_{p \text{ mal}})$,

wenn $2i + 1 = p^s$.

3.9. Satz. $\gamma\Omega_n^{SO}(BU(k)) = A_n^{SO,U(k)}$, d. h. die Relationen werden in diesem Falle gegeben durch

$$z\mathfrak{A}[M,\xi] \in Z \quad \text{für alle} \quad z \in S^{**}_{SO,U(k)} .$$

Beweis. Mit 3.5 und 3.8 sieht man, daß es zu jeder Primzahl p und zu jedem Paar von Partitionen $(\mu\,;\omega)$ mit $n(\omega) \leq k$ und $2d(\mu) + d(\omega) = n$ ein Element $[V^p_{\mu,\omega}, \eta^p_\omega] \in \Omega_{2n}^{SO}(BU(k))$ gibt, so daß alle auftretenden $[V^p_{\mu,\omega}, \eta^p_\omega]$ dieser Art mod p von verschiedenem Typ sind. Da $\gamma\Omega_n^{SO}(BU(k)) \subset A_n^{SO,U(k)}$, sind die Voraussetzungen von 2.5 erfüllt und die Behauptung folgt.

Aus den Sätzen 3.5 und 3.8 über orientierte Mannigfaltigkeiten kann man mit der folgenden Verallgemeinerung einer Bemerkung von Stong [21] Ergebnisse für Spin-Mannigfaltigkeiten herleiten.

3.10. Satz. Es sei X ein endlicher CW-Komplex, dann gibt es zu jeder Klasse $[M,f] \in \Omega_n^{SO}(X)$ eine natürliche Zahl k, so daß $2^k[M,f] \in \Omega_n^{Spin}(X)$.

Beweis. Der Standard-Homomorphismus $H_*(BSpin(k) \times X;Z) \longrightarrow H_*(BSO(k) \times X;Z)$ ist ein $\mathcal{C}_2$-Isomorphismus, wo $\mathcal{C}_2$ die Serre-Klasse der 2-Gruppen bezeichnet. Daher ist $H_*(MSpin(k) \wedge X/\emptyset;Z) \longrightarrow H\ (MSO(k) \wedge X/\emptyset;Z)$ ein $\mathcal{C}_2$-Isomorphismus. Aus der Verallgemeinerung des Satzes von Whitehead (Serre [18], Spanier [19]) folgt, daß $\pi_*(MSpin(k) \wedge X/\emptyset) \longrightarrow \pi_*(MSO(k) \wedge X/\emptyset)$ ein $\mathcal{C}_2$-Isomorphismus ist. Deshalb ist $\Omega_*^{Spin}(X)$ $\mathcal{C}_2$-isomorph zu $\Omega_*^{SO}(X)$.

Man kann aber auch den endlichen CW-Komplex durch einen der klassifizierenden Räume BU(k) oder BSO(k) ersetzen, da die stetigen Abbildungen von Mannigfaltigkeiten $M^n \longrightarrow BU(k)$ (bzw. $M^n \longrightarrow BSO(k)$) immer schon homotop sind zu einer Abbildung in eine endlich-dimensionale Grassmannsche Mannigfaltigkeit.

Bekanntlich ist für eine Spin-Mannigfaltigkeit M und ein komplexes Vektorraumbündel η über M

$$\hat{\mathfrak{A}}(M)ch(\eta)[M] \in Z \quad ,$$

so daß $\gamma\Omega_n^{Spin}(BU(k)) \subset A_n^{Spin,U(k)}$. Aus 3.10 und dem Beweis zu 3.9 folgt dann, daß für jede ungerade Primzahl p gilt

$$\gamma_p \Omega_n^{Spin}(BU(k)) = A_n^{Spin,U(k)} \otimes Z_p \quad ,$$

wo γ_p die Abbildung $\Omega_n^{Spin}(BU(k)) \xrightarrow{\gamma} A_n^{Spin,U(k)} \to A_n^{Spin,U(k)} \otimes Z_p$ bezeichnet.

3.11. Satz. $\gamma_p \Omega_n^{Spin}(BU(k)) = A_n^{Spin,U(k)} \otimes Z_p$ für alle ungeraden Primzahlen p. Deshalb liefert der Ganzzahligkeitssatz

$$z\hat{\mathfrak{A}}[M,\xi] \in Z \qquad \text{für alle } z \in S_{SO,U(k)}^{**}$$

alle Relationen zwischen den charakteristischen Zahlen einer Spin-Mannigfaltigkeit und eines U(k)-Bündels modulo p^l für alle ungeraden Primzahlen p, d.h. $A_n^{Spin,U(k)}/\gamma\Omega_n^{Spin}(BU(k))$ ist eine 2-Gruppe.

Beweis. Die noch nicht bewiesenen **Aussagen** folgen wie in 2.5.

+) S^{2n+1} sei die Einheitssphäre in $\mathbb{C}^{n+1}$, und S^1 operiere auf $S^{2n+1} \times \mathbb{C}$ durch $\lambda(z_1, z_2, \dots, z_{n+1}; w) = (\lambda z_1, \lambda z_2, \dots, \lambda z_{n+1}; \lambda w)$. Das komplexe Geradenbündel $\eta_n = S^{2n+1} \times \mathbb{C}/S^1 \to \mathbb{C}P(n)$ soll das ausgezeichnete Geradenbündel über $\mathbb{C}P(n)$ heißen. η_n wird in [10] zur Axiomatisierung der Chernschen Klassen benutzt und durch den Kozykel $\{f_{ij}\} = \{z_j z_i^{-1}\}$ beschrieben, wo $(z_o, z_1, \dots, z_n)$ die homogenen Koordinaten von $\mathbb{C}P(n)$ sind. Die natürlich orientierte Hyperebene $(z_o = 0)$ ist ein $\mathbb{C}P(n-1)$ und repräsentiert ein Element aus $H_{2n-2}(\mathbb{C}P(n);Z)$. Die duale Kohomologieklasse bezüglich der natürlichen Orientierung von CP(n) sei g_n. Dann ist $c(\eta_n) = 1 + g_n$ (s. [10] 4.2).

§ 4 Exakte Sequenzen zur Bestimmung von $\Omega_*^{SU}(X)$

Um die Relationen zwischen den charakteristischen Zahlen zu untersuchen, wenn die Mannigfaltigkeit eine SU-Struktur trägt, werden in den §§ 4 - 8 die SU-Bordismusgruppen von BU(k) bestimmt. Die Gruppe Ω_*^{SU} wurde von Conner und Floyd in [5] vollständig bestimmt. Die in [5] angegebene Methode wird zur Berechnung von $\Omega_*^{SU}(BU(k))$ übertragen. Häufig handelt es sich dabei lediglich um eine neue Formulierung der in [5] benutzten Definitionen und Sätze, für die die Beweise teilweise fast wörtlich übernommen werden können. Darüber hinaus werden natürlich alle Ergebnisse aus [5] laufend benutzt. Zunächst werden zwei Sätze zitiert.

4.1. Satz ([5] (14.2)). $\mathbf{C}P(2N) \subset \mathbf{C}P(\infty)$ $(N \geq 0)$ sei die natürliche Einbettung. Für jedes endliche CW-Paar (X,A) ist

$$\tilde{\Omega}^{SU}_{k+4N+2}(\mathbf{C}P(\infty)/\mathbf{C}P(2N) \wedge X/A) \cong \Omega^U_k(X,A) .$$

4.2. Satz ([5] (15.2)). Für jedes endliche CW-Paar (X,A) hat man eine lange exakte Sequenz

$$\to \Omega_k^{SU}(X,A) \to \Omega_k^U(X,A) \to \Omega_{k-2}^{SU}(X,A) \oplus \Omega_{k-4}^U(X,A) \to \Omega_{k-1}^{SU}(X,A) \to \ldots$$

4.3. Im folgenden sei X ein endlicher CW-Komplex mit $H_*(X;Z)$ frei abelsch und $H_{2i+1}(X;Z) = 0$ für alle i. Anstelle von $X/\emptyset$ wird das Zeichen X^+ für die punktfremde Vereinigung von X mit einem Punkt + benutzt. + ist der Basispunkt in X^+. Nach [5] S. 59 ist Rang Ω_{2j}^{SU} = Rang Ω_{2j}^U - Rang Ω_{2j-2}^U . Zusammen mit der in (1.15) angegebenen

Formel $\Omega_k^{SU}(X) \otimes \mathbb{Q} = \bigoplus_{i+j=k} H_i(X;\mathbb{Q}) \otimes \Omega_j^{SU}$ ergibt sich, daß $\Omega_{2j+1}^{SU}(X)$ eine Torsionsgruppe ist und Rang $\Omega_{2j}^{SU}(X) =$ Rang $\Omega_{2j}^{U}(X)$ - Rang $\Omega_{2j-2}^{U}(X)$.

4.4. Die Folge von Räumen

$$\mathbb{C}P(2) \wedge X^+ \longrightarrow \mathbb{C}P(\infty) \wedge X^+ \longrightarrow \mathbb{C}P(\infty)/\mathbb{C}P(2) \wedge X^+$$

liefert eine exakte Sequenz in der SU-Bordismustheorie

$$\rightarrow \tilde{\Omega}_{k+2}^{SU}(\mathbb{C}P(2) \wedge X^+) \rightarrow \tilde{\Omega}_{k+2}^{SU}(\mathbb{C}P(\infty) \wedge X^+) \rightarrow \tilde{\Omega}_{k+2}^{SU}(\mathbb{C}P(\infty)/\mathbb{C}P(2) \wedge X^+) \rightarrow .$$

Mit 4.1 erhält man daraus die exakte Sequenz

$$\rightarrow \tilde{\Omega}_{k+2}^{SU}(\mathbb{C}P(2) \wedge X^+) \longrightarrow \Omega_k^U(X) \longrightarrow \Omega_{k-4}^U(X) \longrightarrow \quad .$$

Wegen der Voraussetzungen über X ist $\Omega_{2j}^U(X)$ frei abelsch und $\Omega_{2j+1}^U(X) = 0$. Man hat die kurze exakte Sequenz

$$(4.5) \quad 0 \rightarrow \tilde{\Omega}_{2j+2}^{SU}(\mathbb{C}P(2) \wedge X^+) \xrightarrow{i_*} \Omega_{2j}^U(X) \longrightarrow \Omega_{2j-4}^U(X) \quad .$$

Daher ist $\tilde{\Omega}_{2j+2}^{SU}(\mathbb{C}P(2) \wedge X^+)$ frei abelsch und wird injektiv auf einen direkten Summanden von $\Omega_{2j}^U(X)$ abgebildet. Anwendung von 4.2 auf das Paar $(\mathbb{C}P(2) \wedge X^+, pt)$, wo pt den Basispunkt von $\mathbb{C}P(2) \wedge X^+$ bezeichnet, liefert wegen $\Omega_k^U(\mathbb{C}P(2) \wedge X^+) = \Omega_{k-4}^U(\mathbb{C}P(2) \wedge X^+) = 0$ für k ungerade die exakte Sequenz

$$0 \rightarrow \tilde{\Omega}_{2j+1}^{SU}(\mathbb{C}P(2) \wedge X^+) \longrightarrow \tilde{\Omega}_{2j+2}^{SU}(\mathbb{C}P(2) \wedge X^+) \longrightarrow \ldots .$$

Da $\tilde{\Omega}_{2j+2}^{SU}(\mathbb{C}P(2) \wedge X^+)$ frei abelsch ist und $\tilde{\Omega}_{2j+1}^{SU}(\mathbb{C}P(2) \wedge X^+)$ eine Torsionsgruppe, ist $\tilde{\Omega}_{2j+1}^{SU}(\mathbb{C}P(2) \wedge X^+) = 0$.

Andererseits gehört zu der Folge von topologischen Räumen

$$(4.6) \qquad \mathbb{C}P(1) \wedge X^+ \longrightarrow \mathbb{C}P(2) \wedge X^+ \longrightarrow S^4 \wedge X^+$$

die exakte Sequenz

$$\to \tilde{\Omega}^{SU}_{k+2}(\mathbb{C}P(1) \wedge X^+) \to \tilde{\Omega}^{SU}_{k+2}(\mathbb{C}P(2) \wedge X^+) \to \tilde{\Omega}^{SU}_{k+2}(S^4 \wedge X^+) \to$$

Wegen $\tilde{\Omega}^{SU}_{2k+1}(\mathbb{C}P(2) \wedge X^+) = 0$ erhält man daraus die exakte Sequenz

$$(4.7) \qquad \begin{aligned} &0 \to \Omega^{SU}_{2j-1}(X) \xrightarrow{\theta} \Omega^{SU}_{2j}(X) \xrightarrow{\alpha} \tilde{\Omega}^{SU}_{2j+2}(\mathbb{C}P(2) \wedge X^+) \xrightarrow{\beta} \\ &\xrightarrow{\beta} \Omega^{SU}_{2j-2}(X) \xrightarrow{\theta} \Omega^{SU}_{2j-1}(X) \to 0 \quad . \end{aligned}$$

Diese exakte Sequenz entspricht der Sequenz (15.3) bei Conner und Floyd [5]. Da $\tilde{\Omega}^{SU}_{2j+2}(\mathbb{C}P(2) \wedge X^+)$ frei ist, bildet θ die Torsionsgruppe $\Omega^{SU}_{2j-1}(X)$ auf den Torsionsteil von $\Omega^{SU}_{2j}(X)$ ab.

Als nächstes wird der Homomorphismus θ in (4.7) untersucht. θ ist der Randoperator ∂_* aus der langen exakten SU-Bordismussequenz zu (4.6). Für den Fall, daß X ein Punkt ist, ist θ in [5] angegeben. Darauf wird die Berechnung zurückgeführt. $\Omega^{SU}_*(X)$ kann mit Hilfe des Spektrums $\underline{MSU}$ definiert werden (vgl. § 1). Wenn Y ein endlicher CW-Komplex mit Basispunkt ist, ist

$$\tilde{\Omega}^{SU}_n(Y) = \tilde{H}_n(Y;\underline{MSU}) = \operatorname{dir\,lim} \pi_{n+2k}(MSU(k) \wedge Y) \quad .$$

Die Inklusion $SU(k) \times SU(l) \subset SU(k+l)$ induziert eine Abbildung $MSU(k) \wedge MSU(l) \longrightarrow MSU(k+l)$, durch die eine Paarung im Sinne von G. W. Whitehead [24] § 6 $(\underline{MSU}, \underline{MSU}) \to \underline{MSU}$ definiert wird.

4.8. Satz. Es seien (Y,A) ein endliches CW-Paar mit Basispunkt, Z ein endlicher CW-Komplex mit Basispunkt und $u \in \tilde{H}_p(Y/A;\underline{MSU})$, $v \in \tilde{H}_q(Z;\underline{MSU})$. Dann gibt es einen Isomorphismus

$$\alpha_*: \tilde{H}_*((Y/A)\wedge Z;\underline{MSU}) \longrightarrow \tilde{H}_*(Y\wedge Z \ / \ A\wedge Z;\underline{MSU}) ,$$

und es ist

$$\partial_*'\alpha_*(u\wedge v) = \pm\ (\partial_* u)\wedge v .$$

Dabei bezeichnet ∂_*' den Randoperator in der exakten Homologiesequenz des Paares $(Y\wedge Z,\ A\wedge Z)$ und ∂_* den Randoperator in der exakten Sequenz des Paares (Y,A).

Beweis. Alle auftretenden Abbildungen und Homotopien führen Basispunkte in Basispunkte über. $p : Y \longrightarrow Y/A$ sei die Identifikationsabbildung. Da Y kompakt ist, bildet $p\wedge Id : Y\wedge Z \rightarrow (Y/A)\wedge Z$ den Unterraum $A\wedge Z$ in den Basispunkt ab und induziert einen Homöomorphismus $\alpha' : Y\wedge Z \ / \ A\wedge Z \rightarrow (Y/A)\wedge Z$ (s. [24] (2.7)). α sei der inverse Homöomorphismus. - ∂_* wird folgendermaßen definiert: T sei das Einheitsintervall [0,1] mit Basispunkt 0 , $TA = T\wedge A$, ist der reduzierte Kegel über A, und Y wird mit $S^0\wedge Y = 1\times Y$ identifiziert. Y/A ist homöomorph zu $Y \cup TA/TA$, und $p' : Y\cup TA \longrightarrow Y/A$ sei die Hintereinanderschaltung der Projektion $Y\cup TA \rightarrow Y\cup TA/TA$ mit diesem Homöomorphismus. $r : Y\cup TA \rightarrow SA$ wird definiert durch Zusammenschlagen von Y auf den Basispunkt. p' ist eine Homotopie-Äquivalenz. $q' : Y/A \longrightarrow Y\cup TA$ sei ein Homotopie-Inverses zu p'. Außerdem sei $\sigma_* : \tilde{H}_*(A;\underline{MSU}) \longrightarrow \tilde{H}_*(SA;\underline{MSU})$ der Einhängungs-Isomorphismus (s. [24] § 5).

Dann ist $-\partial_* = \sigma_*^{-1} r_* q_*$. Entsprechend ist ∂_*' definiert.

Man betrachte das folgende Diagramm, in dem die meisten Abbildungen bereits erklärt oder Standard-Abbildungen sind.

$$
\begin{array}{ccccc}
\dfrac{Y \wedge Z}{A \wedge Z} & \underset{p''}{\overset{q'}{\rightleftarrows}} & Y \wedge Z \cup T(A \wedge Z) & \xrightarrow{\quad r' \quad} & S(Y \wedge Z) \\[2ex]
& & \searrow{t} & & \searrow{s} \\[1ex]
\alpha' \big\uparrow \big\uparrow \alpha & & S^0 \wedge Y \wedge Z \cup T \wedge A \wedge Z & \longrightarrow & S \wedge Y \wedge Z \\[2ex]
& & \nearrow{t'} & & \nearrow{s'} \\[1ex]
\dfrac{Y}{A} \wedge Z & \underset{q \wedge id}{\overset{p' \wedge id}{\rightleftarrows}} & Y \wedge Z \cup (TA) \wedge Z & \xrightarrow[r \wedge id]{} & (SY) \wedge Z
\end{array}
$$

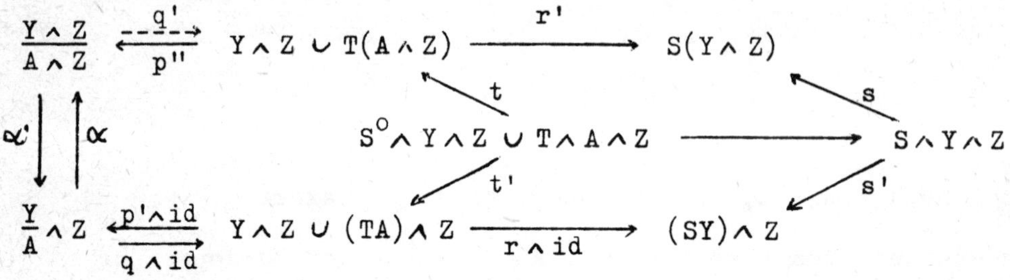

Die Abbildungen s, s' entsprechen den Abbildungen p, p' in [24] S. 235. Da alle auftretenden Räume endliche CW-Komplexe sind, sind α, α', s, s', t, t' Homöomorphismen. q' wird definiert durch $q'(x) = (t \circ t'^{-1} \circ (q \wedge id) \circ \alpha')(x)$. Damit ist das ganze Diagramm kommutativ, wenn man in der linken Hälfte jeweils nur den "inneren" oder den "äußeren" Teil betrachtet. q' ist Homotopie-Inverses zu p". Dann ist

$$
\begin{aligned}
-\partial_*' \alpha_*(u \wedge v) &= \sigma_*^{-1} r_*' q_*' \alpha_*(u \wedge v) \\
&= \sigma_*^{-1} r_*' t_* t_*'^{-1} (q \wedge id)_* \alpha_*' \alpha_*(u \wedge v) \\
&= \sigma_*^{-1} s_* s_*'^{-1} (r \wedge id)_* (q \wedge id)_*(u \wedge v) \\
&= (s_*' s_*^{-1} \sigma_*)^{-1} (r \circ q \wedge id)_*(u \wedge v) \\
&= \sigma_L^{-1} (r \circ q \wedge id)_*(u \wedge v) \\
&= (-\partial_* u) \wedge v \quad .
\end{aligned}
$$

In dieser Rechnung bezeichnet σ_* den Einhängungs-Isomorphismus $\tilde{H}_*(A \wedge Z; \underline{MSU}) \longrightarrow \tilde{H}_*(S(A \wedge Z); \underline{MSU})$, und $\sigma_L : \tilde{H}_*(A \wedge Z; \underline{MSU}) \longrightarrow H_*((SA) \wedge Z; \underline{MSU})$ ist definiert durch $\sigma_L = s_*' s_*^{-1} \sigma$ wie in [24] S. 236 . Die letzte Gleichheit folgt aus (6.11a) in [24].

4.9. Satz. Der Homomorphismus $\theta : \Omega_j^{SU}(X) \longrightarrow \Omega_{j+1}^{SU}(X)$ aus (4.7) bildet $x \in \Omega_j^{SU}(X)$ in $[\bar{S}^1]\cdot x$ ab, wo $[\bar{S}^1]$ das erzeugende Element von $\Omega_1^{SU} \cong Z_2$ bezeichnet. (vgl. [5] (16.5), (16.6))

Beweis. θ ist definiert durch den Randoperator $\partial'_*: \Omega_{j+4}^{SU}(S^4 \wedge X^+) \longrightarrow \Omega_{j+3}^{SU}(\mathbb{C}P(1) \wedge X^+)$ in der exakten Sequenz zu der Folge von Räumen (4.6). Nach Conner-Floyd [5] (16.4) gilt

$$\tilde{\Omega}_*^{SU}(S^4 \wedge X^+) \cong \tilde{\Omega}_*^{SU}(S^4) \otimes_{\Omega_*^{SU}} \Omega_*^{SU}(X^+) ,$$

d.h. $v \in \tilde{\Omega}_{j+4}^{SU}(S^4 \wedge X^+)$ hat die Form $\iota_4 \wedge x$, wo $\iota_n \in \tilde{\Omega}_n^{SU}(S^n)$ das erzeugende Element bezeichnet und $x \in \tilde{\Omega}_j^{SU}(X^+)$. Nach 4.8 ist

$$\partial'_*(\iota_4 \wedge x) = (\partial_* \iota_4) \wedge x ,$$

wo ∂_* der Randoperator in der SU-Bordismussequenz der Folge $\mathbb{C}P(1) \rightarrow \mathbb{C}P(2) \longrightarrow S^4$ ist. In [5] wird gezeigt, daß dieser Randoperator $\partial_*: \tilde{\Omega}_4^{SU}(S^4) = \tilde{\Omega}_3^{SU}(S^3) \longrightarrow \tilde{\Omega}_2^{SU}(\mathbb{C}P(1))$ durch die Hopf-Abbildung $g : S^3 \longrightarrow \mathbb{C}P(1)$ induziert wird, und daß $g_*(\iota_3) = [\bar{S}^1]\,\iota_2$ und $\partial_* \iota_4 = [\bar{S}^1]\cdot\iota_3$. Dann gilt für $x \in \tilde{\Omega}_j^{SU}(X^+) = \Omega_j^{SU}(X)$, daß $\theta x = [\bar{S}^1]\cdot x$.

Nach [5] (16.7) ist $[\bar{S}^1]^3 = 0$, und daher gilt der folgende Satz.

4.10. Satz. Für den Homomorphismus $\theta : \Omega_*^{SU}(X) \rightarrow \Omega_*^{SU}(X)$ gilt $\theta^3 = 0$.

Die exakte Sequenz (4.7) läßt sich schreiben als exaktes Dreieck

$$(4.11)\qquad \begin{array}{ccc} \Omega_*^{SU}(X) & \xrightarrow{\theta} & \Omega_*^{SU}(X) \\ {}_{\beta}\nwarrow & & \swarrow_{\alpha} \\ & \tilde{\Omega}_*^{SU}(CP(2)\wedge X^+) & \end{array}$$

Zu dem exakten Paar ($\Omega_*^{SU}(X)$, $\tilde{\Omega}_*^{SU}(CP(2)\wedge X^+)$; θ, α, β) gehört ein derivviertes exaktes Paar ($\theta\Omega_*^{SU}(X), \mathcal{H}; \theta', \alpha', \beta'$), wo $\mathcal{H}$ die Homologie des Kettenkomplexes ($\tilde{\Omega}^{SU}(CP(2)\wedge X^+), \tilde{\partial}$) mit $\tilde{\partial} = \alpha\circ\beta$ vom Grad -2 bezeichnet (vgl. z. B. Hu [11] Chap. VIII, § 4). Die lange exakte Sequenz des derivierten Paares hat die Form

$$\to \theta\Omega_{2n-1}^{SU}(X) \xrightarrow{\theta'} \theta\Omega_{2n}^{SU}(X) \xrightarrow{\alpha'} \mathcal{H}_{2n+2} \xrightarrow{\beta'} \theta\Omega_{2n-3}^{SU}(X) \xrightarrow{\theta'} \theta\Omega_{2n-2}^{SU}(X) \to \quad .$$

Aus (4.7) folgt, daß $\theta\Omega_{2j-1}^{SU}(X) = \theta^2\Omega_{2j-2}^{SU}(X)$. Mit $\theta^3 = 0$ erhält man die kurze exakte Sequenz

$$0 \to \theta\Omega_{2n}^{SU}(X) \to \mathcal{H}_{2n+2} \to \theta\Omega_{2n-3}^{SU}(X) \to 0$$

und daraus mit (4.7) die kurze exakte Sequenz

$$(4.12)\qquad 0 \to \Omega_{2n+1}^{SU}(X) \to \mathcal{H}_{2n+2} \to \Omega_{2n-3}^{SU}(X) \to 0 \; .$$

Um (4.12) zur Berechnung von $\Omega_{2n+1}^{SU}(X)$ benutzen zu können, wird zunächst der Kettenkomplex ($\tilde{\Omega}^{SU}(CP(2)\wedge X^+), \tilde{\partial}$) untersucht.

§ 5 Die Definition von $\mathcal{W}(X)$

In § 5 ist X ein CW-Komplex mit $H_*(X;Z)$ frei abelsch und $H_{2i+1}(X;Z) = 0$ für alle i.

5.1. Definition. $\mathcal{W}_n(X)$ sei die Teilmenge von $\Omega^U_n(X)$ mit der Eigenschaft, daß alle charakteristischen Zahlen von Elementen aus $\mathcal{W}_n(X)$, die $(c_1)^2$ enthalten, verschwinden. Es sei $\mathcal{W}(X) = \bigoplus_{n=0}^{\infty} \mathcal{W}_n(X)$.

$\mathcal{W}(pt) = \mathcal{W} = \oplus \mathcal{W}_n$ ist die von Conner und Floyd in [5] Chapter II untersuchte Teilmenge von Ω^U_*. In [5] wird $\mathcal{W}$ auf eine zweite Art definiert, die hier ebenfalls übertragen werden soll.

$\mathbb{C}P(\infty)$ sei der unendlich-dimensionale komplexe projektive Raum. Die Elemente aus $\Omega^U_n(\mathbb{C}P(\infty))$ entsprechen eineindeutig den Bordismusklassen $[\xi \to M^n]$ von schwach fast-komplexen n-dimensionalen Mannigfaltigkeiten mit einem komplexen Geradenbündel. Da das Tensorprodukt von komplexen Geradenbünden wieder ein komplexes Geradenbündel ist, wird durch die Definition

$$[\xi \to M_1]\cdot[\eta \to M_2] = [\xi \otimes \eta \longrightarrow M_1 \times M_2]$$

der Ω^U_*-Modul $\Omega^U_*(\mathbb{C}P(\infty))$ zu einem (antikommutativen) graduierten Ring. $M_1 \times M_2$ ist das in § 1 eingeführte Produkt von schwach fast-komplexen Mannigfaltigkeiten.

Im folgenden wird die Bordismusgruppe $\Omega^U_*(\mathbb{C}P(\infty) \times X)$ betrachtet. $\Omega^U_*(\mathbb{C}P(\infty) \times X)$ ist in natürlicher Weise ein $\Omega^U_*(\mathbb{C}P(\infty))$-Modul.

Nach 1.16 ist
$$\begin{aligned}\Omega^U_*(CP(\infty)\times X) &\cong H_*(CP(\infty)\times X;Z)\otimes\Omega^U_*\\ &\cong H_*(CP(\infty);Z)\otimes H_*(X;Z)\otimes\Omega^U_*\\ &\cong H_*(CP(\infty);Z)\otimes\Omega^U_*(X)\\ &\cong H_*(X;Z)\otimes\Omega^U_*(CP(\infty)).\end{aligned}$$

$H_*(CP(\infty);Z)$ ist isomorph zu dem ganzzahligen Polynomring in $d\in H^2(CP(\infty);Z)$. Es sei $x_{2k}=[\eta_{2k}\to CP(k)]\in\Omega^U_*(CP(\infty))$, wo η_{2k} das ausgezeichnete Geradenbündel über $CP(k)$ bezeichnet. $\mu:\Omega^U_*(CP(\infty))\longrightarrow H_*(CP(\infty);Z)$ sei der Fundamentalklassen-Homomorphismus. Dann ist $\langle\mu(x_{2k}),d^k\rangle=1$ und $\{x_{2k}\}$ ist nach 1.16 eine Basis des Ω^U_*-Moduls $\Omega^U_*(CP(\infty))$.

5.2. Satz. $\Omega^U_*(CP(\infty)\times X)$ ist direkte Summe aus den direkten Summanden $x_{2k}\Omega^U_*(X)$, d. h. $\Omega^U_*(CP(\infty)\times X)=\bigoplus_{k=0}^{\infty}x_{2k}\Omega^U_*(X)$.

Beweis. Es ist $H_*(CP(\infty)\times X;Z)=H_*(CP(\infty);Z)\otimes H_*(X;Z)$. Mit $\{c^i_{2n}\}$ wird eine Basis des freien Z-Moduls $H_{2n}(X;Z)$ bezeichnet, und es seien $y^i_{2n}=[M^{2n}_i,\ f_i: M^{2n}_i\to X]\in\Omega^U_{2n}(X)$ mit $f_{i*}[M^{2n}_i]=\mu(y^i_{2n})=c^i_{2n}$. Dann ist nach 1.16 $\Omega^U_*(CP(\infty)\times X)$ ein freier Ω^U_*-Modul mit Basis $\{x_{2k}\times y^i_{2n}\}$. Daraus folgt die Behauptung, weil $\Omega^U_*(X)$ ein freier Ω^U_*-Modul ist mit Basis $\{y^i_{2n}\}$.

Der folgende Satz ist ein Analogon zu (4.2) in [5]. Der Beweis ist eine wörtliche Übertragung des dort angegebenen Beweises.

5.3. Satz. Es sei $\{x_{2k}\}$ die oben angegebene Basis von $\Omega^U_*(CP(\infty))$. $y_{2n}\in\Omega^U_{2n}(CP(\infty)\times X)$ hat die Form

$$y_{2n}=a_{2n}+x_2a_{2n-2}+\dots+x_{2k}a_{2n-2k}\quad\text{mit } a_{2i}\in\Omega^U_{2i}(X)$$

genau dann, wenn jede charakteristische Zahl von y_{2n}, die d^{k+1} als Faktor enthält, verschwindet.

Beweis. Wenn y_{2n} die angegebene Form hat, ist es klar, daß jede charakteristische Zahl mit d^{k+1} als Faktor verschwindet. Es wird angenommen, daß jede charakteristische Zahl von y_{2n}, die d^{k+1} enthält, verschwindet und $y_{2n} = a_{2n} + x_2 a_{2n-2} + \dots + x_{2r} a_{2n-2r}$ mit $r > k$. Es sei $\omega = (i_1, \dots, i_s)$ eine Partition und $z \in H^*(X;Z)$. Wenn $a = [\xi \to M, f\colon M \to X] \in \Omega^U_{2n}(CP(\infty) \times X)$, dann sei $\langle c_\omega d^r z, a\rangle = c_{i_1}(M) \dots c_{i_s}(M) \xi^*(d^r) f^*(z)[M]$. Mit diesen Bezeichnungen ist $0 = \langle c_\omega d^r z, y_{2n}\rangle = \langle c_\omega z, a_{2n-2r}\rangle \langle d^r, x_{2r}\rangle = \langle c_\omega z, a_{2n-2r}\rangle$ für alle Partitionen ω und alle $z \in H^*(X;Z)$, und nach 1.17 ist $a_{2n-2r} = 0$.

In [5] § 5 wird ein Ω^U_*-Modul-Homomorphismus $\Delta_1\colon \Omega^U_*(CP(\infty)) \longrightarrow \Omega^U_*(CP(\infty))$ folgendermaßen definiert: Zu der ersten Chernschen Klasse c_1 des komplexen Geradenbündels $\xi \longrightarrow M^{2n}$ über der schwach fast-komplexen Mannigfaltigkeit M^{2n} gehört eine Untermannigfaltigkeit V^{2n-2} von M^{2n}, die auf natürliche Weise eine schwach fast-komplexe Struktur trägt. $j : V^{2n-2} \subset M^{2n}$ sei die Inklusionsabbildung. Dann ist $\Delta_1 [\xi \to M^{2n}] = [j^*\xi \to V^{2n-2}]$ und Δ_1 ist ein Ω^U_*-Modul-Homomorphismus vom Grad -2. Wir definieren $\Delta_1^X : \Omega^U_{2n}(CP(\infty) \times X) \to \Omega^U_{2n-2}(CP(\infty) \times X)$ durch

$$\Delta_1^X [\xi \to M^{2n}, f : M^{2n} \to X] = [j^*\xi \to V^{2n-2}, f \circ j : V^{2n-2} \to X].$$

Es ist zu zeigen, daß $[j^*\xi \to V^{2n-2}, f\circ j : V^{2n-2} \to X] \in \Omega^U_{2n-2}(CP(\infty) \times X)$ nur von $[\xi \to M^{2n}, f : M^{2n} \longrightarrow X]$ abhängt.

Dazu wird wieder 1.17 benutzt. Es sei $x \in H^{2s}(X;Z)$, $c_\omega = c_{i_1}(V^{2n-2})\dots c_{i_l}(V^{2n-2})$ und $d = c_1(\xi)$, $\sum_\nu i_\nu + s + k = n$. Die totale Chernsche Klasse von V^{2n-2} ist $c(V^{2n-2}) = j^*(c(M^{2n})(1+d)^{-1})$. Mit $D_i = \sum_{\nu=0}^{i} (-1)^\nu d^\nu c_{i-\nu}(M^{2n})$ ist $c_i(V^{2n-2}) = j^* D_i$ und

$$c_{i_1}(V^{2n-2})\dots c_{i_l}(V^{2n-2}) j^* f^*(x) j^*(d^k)[V^{2n-2}] =$$

$$j^*(D_{i_1}\dots D_{i_l} f^*(x) d^k)[V^{2n-2}] = D_{i_1}\dots D_{i_l} f^*(x) d^{k+1}[M^{2n}] .$$

Das ist eine Linearkombination in den charakteristischen Zahlen von $[\xi \to M^{2n}, f : M^{2n} \to X]$. Daher ist Δ_1^X wohldefiniert.

Δ_1^X ist ein Ω_*^U-Modul-Homomorphismus, und für $u \in \Omega_*^U(CP(\infty))$, $v \in \Omega_*^U(X)$ ist

$$(5.4) \qquad \Delta_1^X(u \cdot v) = (\Delta_1 u) \cdot v .$$

Nach [5] (5.1) gilt für die Basis $\{x_{2k}\}$ aus 5.2, daß $\Delta_1 x_{2k} = x_{2k-2}$. Da für alle $y_{2n} \in \Omega_{2n}^U(CP(\infty) \times X)$ gilt $y_{2n} = a_{2n} + x_2 a_{2n-2} + \dots + x_{2n} a_o$ mit $a_{2i} \in \Omega_{2i}^U(X)$, ergibt sich mit 5.3 der folgende Satz.

5.5. Satz. $\Delta_1^X : \Omega_*^U(CP(\infty) \times X) \to \Omega_*^U(CP(\infty) \times X)$ ist sürjektiv, und der Kern besteht aus den Elementen $y \in \Omega_*^U(CP(\infty) \times X)$, für die alle charakteristischen Zahlen, die d enthalten, verschwinden.

Ebenso wie Δ_1 wird der Konjugations-Operator $\alpha : \Omega_*^U(CP(\infty)) \longrightarrow \Omega_*^U(CP(\infty))$ erweitert, der definiert ist durch

$\alpha[\xi \to M] = [\bar{\xi} \to M]$, wo mit $\bar{\xi}$ das zu ξ konjugierte Bündel bezeichnet wird. $\alpha^X : \Omega_*^U(CP(\infty) \times X) \to \Omega_*^U(CP(\infty) \times X)$ wird erklärt durch $\alpha^X[\xi \to M, f : M \to X] = [\bar{\xi} \to M, f : M \to X]$.

Durch $\Delta_2^X = \alpha^X \Delta_1^X$ ist ein Homomorphismus $\Delta_2^X : \Omega_*^U(CP(\infty) \times X) \to \Omega_*^U(CP(\infty) \times X)$ gegeben. Für X = Punkt erhält man den Operator Δ_2 aus [5]. Wie bei Δ_1^X gilt für $u \in \Omega_*^U(CP(\infty))$ und $v \in \Omega_*^U(X)$, daß

$$\Delta_2^X(u \cdot v) = (\Delta_2 u) \cdot v \quad .$$

Der obere Index X wird in Zukunft häufig weggelassen. Die Ergänzung $\varepsilon : \Omega_*^U(CP(\infty) \times X) \to \Omega^U(X)$ ist erklärt durch "Weglassen" des komplexen Geradenbündels, d. h. $\varepsilon[\xi \to M, f : M \to X] = [M, f : M \to X]$. Wenn X ein Punkt ist, erhält man die Ergänzung $\varepsilon : \Omega_*^U(CP(\infty)) \to \Omega_*^U$ aus [5]. Als nächstes werden die Sätze (5.3) und (5.4) aus [5] übertragen.

5.6. Satz. Es gibt genau eine Menge von homogenen Elementen $\{z_{2k} \mid k = 0, 1, 2, \ldots\}$ aus $\Omega_*^U(CP(\infty))$, so daß $\Omega_*^U(CP(\infty) \times X) = z_0\,\Omega_*^U(X) \oplus z_2\,\Omega_*^U(X) \oplus \ldots$ und

(i) $z_0 = 1$,

(ii) $\Delta_2 z_{2k} = z_{2k-2}$ für $k > 0$,

(iii) $\varepsilon(z_{2k}) = 0$ in Ω_{2k}^U für $k > 0$.

Beweis. Für jedes Element $y_{2k} = [\xi \to M^{2k}] \in \Omega_{2k}^U(CP(\infty))$ ist $\Delta_2 y_{2k} = [j^*\xi \to V^{2k-2}]$ und

$$\langle j^*(-d)^{k-1}, [V^{2k-2}] \rangle = (-1)^{k-1} \langle d^k, [M^{2k}] \rangle .$$

Daher läßt sich y_{2k} als eines der Basiselemente für den freien Ω^U_*-Modul wählen, genau dann, wenn sich $\Delta_2 y_{2k}$ als Basiselement wählen läßt. Es wird angenommen, daß die z_{2i} für $i < k$ definiert sind. Dann wird $z'_{2k} \in \Omega^U_{2k}(CP(\infty))$ so gewählt, daß $\Delta_2 z'_{2k} = z_{2k-2}$. Wenn $z'_{2k} = [\xi \to M^{2k}]$, wird z_{2k} definiert als $z_{2k} = [\xi \longrightarrow M^{2k}] - [C \times M^{2k} \longrightarrow M^{2k}]$. Dann ist $\varepsilon(z_{2k}) = 0$. Die Basis-Eigenschaft von $\{z_{2k}\}$ wird ebenso wie für $\{x_{2k}\}$ in 5.2 bewiesen. Die Eindeutigkeit von $\{z_{2k}\}$ folgt aus

5.7. Satz. Wenn $\{z_{2k}\}$ eine Menge der in 5.6 beschriebenen Art ist, dann gilt für $y_{2n} \in \Omega^U_{2n}(CP(\infty) \times X)$, daß

$$y_{2n} = z_o \varepsilon(y_{2n}) + z_2 \varepsilon \Delta_2(y_{2n}) + \dots + z_{2n}\varepsilon(\Delta_2)^n(y_{2n}) .$$

Beweis. $y_{2n} = z_o a_{2n} + z_2 a_{2n-2} + \dots + z_{2n} a_o$ und $(\Delta_2)^k(y_{2n}) = z_o a_{2n-2k} + z_2 a_{2n-2k-2} + \dots$, so daß $\varepsilon(\Delta_2)^k(y_{2n}) = a_{2n-2k}$.

Zu der ersten Chernschen Klasse $c_1(M)$ einer schwach fast-komplexen Mannigfaltigkeit M gibt es genau ein komplexes Geradenbündel ξ über M mit $c_1(\xi) = c_1(M)$. Conner und Floyd definieren einen Homomorphismus $\nu : \Omega^U_* \longrightarrow \Omega^U_*(CP(\infty))$ durch $\nu[M^{2n}] = [\xi \to M^{2n}]$ mit $c_1(\xi) = c_1(M^{2n})$. Genauso wird $\nu^X : \Omega^U_*(X) \longrightarrow \Omega^U_*(CP(\infty) \times X)$ definiert durch

$$\nu^X[M^{2n}, f : M^{2n} \longrightarrow X] = [\xi \to M^{2n}, f : M^{2n} \longrightarrow X]$$

mit $c_1(\xi) = c_1(M^{2n})$. Für $u \in \Omega^U_*$ und $v \in \Omega^U_*(X)$ ist $\nu^X(u\, v) = \nu(u) \cdot \nu^X(v)$. Wegen $\varepsilon \nu^X$ = Identität ist ν^X injektiv.

5.8. Definition. Der Homomorphismus $\partial : \Omega_*^U(X) \longrightarrow \Omega_*^U(X)$ vom Grade -2 wird definiert durch $\partial(u) = \varepsilon \Delta_2^X \nu^X(u) = \varepsilon \Delta_1^X \nu^X(u)$.

5.9. Satz. Es ist $\partial\partial = 0$ und das Bild von $\nu^X : \Omega_*^U(X) \longrightarrow \Omega_*^U(CP(\infty) \times X)$ ist invariant unter $(\Delta_2)^2 : \Omega_*^U(CP(\infty) \times X) \longrightarrow \Omega_*^U(CP(\infty) \times X)$.

Beweis. $\nu^X [M^{2n}, f : M^{2n} \to X] = [\xi \to M^{2n}, f : M^{2n} \to X]$, wo ξ ein komplexes Geradenbündel ist mit $c_1(\xi) = c_1(M^{2n}) = c_1$. Es sei V^{2n-2} die zu c_1 duale schwach fast-komplexe Untermannigfaltigkeit von M^{2n}, $j : V^{2n-2} \to M^{2n}$ sei die Inklusionsabbildung. Dann ist $c_1(V^{2n-2}) = 0$ und $c_1(j^*(\bar{\xi})) = -j^*(c_1)$. Daraus folgt $\partial\partial = 0$, und Anwendung von Δ_2 auf $[j^*(\bar{\xi}) \to V^{2n-2}, f \circ j : V^{2n-2} \to X]$ liefert $[i^* j^*(\xi) \to V^{2n-4}, f \circ j \circ i : V^{2n-4} \to X]$ mit $c_1(i^* j^*(\xi)) = i^* j^*(c_1)$. Da $c_1(V^{2n-4}) = i^* j^*(c_1)$, ist $\nu^X [V^{2n-4}, f \circ j \circ i : V^{2n-4} \to X] = (\Delta_2)^2 \nu^X [M^{2n}, f : M^{2n} \to X]$.

5.10. Definition. Der Homomorphismus $\Delta^X : \Omega_*^U(X) \longrightarrow \Omega_*^U(X)$ vom Grade -4 ist definiert durch $\Delta^X = \varepsilon (\Delta_2^X)^2 \nu^X$.

Satz 5.9 enthält die Kommutativität des folgenden Diagramms.

$$\begin{array}{ccc}
\Omega_*^U(X) & \xrightarrow{\nu^X} & \Omega_*^U(CP(\infty) \times X) \\
\downarrow \Delta^X & & \downarrow (\Delta_2)^2 \\
\Omega_*^U(X) & \xrightarrow{\nu^X} & \Omega_*^U(CP(\infty) \times X)
\end{array}$$

Ein Element $a_{2n} \in \Omega_{2n}^U(X)$ liegt im Kern von Δ^X genau dann, wenn

$$\nu^X(a_{2n}) = a_{2n} + z_2\, \partial(a_{2n}) ,$$

wo z_2 aus der in 5.6 definierten Basismenge ist.

5.11. Satz. Kern $\Delta^X = \mathcal{W}(X)$.

Beweis. Es sei $u = [M^{2n}, f\colon M^{2n} \to X] \in \Omega^U_{2n}(X)$. Dann ist $\Delta^X(u) = [V^{2n-4}, f\circ j : V^{2n-4} \to X]$, wo $j : V^{2n-4} \to M^{2n}$ die Inklusion der schwach fast-komplexen Untermannigfaltigkeit V^{2n-4} in M^{2n} bezeichnet, und $j_*[V^{2n-4}] = -c_1^{\,2} \cap [M^{2n}]$ mit $c_1 = c_1(M^{2n})$. Die totale Chernsche Klasse von V^{2n-4} ist

$$c(V^{2n-4}) = j^*(c(M^{2n})(1 - c_1^{\,2})^{-1})$$

und $c_i(V^{2n-4}) = j^*(D_i)$ mit $D_i = \sum_{\nu+2\mu=i} c_\nu(M^{2n})\, c_1^{\,2\mu}$. Das liefert

$$c_1(V^{2n-4})^{i_1} c_2(V^{2n-4})^{i_2} \ldots c_s(V^{2n-4})^{i_s} j^* f^*(x)[V^{2n-4}] =$$

$$j^*(D_1^{\,i_1} D_2^{\,i_2} \ldots D_s^{\,i_s} f^*(x))[V^{2n-4}] = -c_1^{\,2} D_1^{\,i_1} \ldots D_s^{\,i_s} f^*(x)[M^{2n}]$$

mit $x \in H^*(X;Z)$. Zusammen mit 1.17 erhält man daraus $\mathcal{W}(X) \subset \operatorname{Kern} \Delta^X$. Nun sei $\Delta^X[M^{2n}, f : M^{2n} \to X] = 0$ und $\omega = (i_1, .., i_k)$ eine Partition mit $\sum_\nu \nu i_\nu \leq n$ und $i_1 \geq 2$. Weiter sei $x \in H^{2s}(X;Z)$, so daß $\sum_\nu \nu i_\nu + s = n$. Dann ist

$$c_1(M^{2n})^{i_1} c_2(M^{2n})^{i_2} \ldots c_k(M^{2n})^{i_k} f^*(x)[M^{2n}] =$$

$$- j^*(c_1(M^{2n})^{i_1-2} c_2(M^{2n})^{i_2} \ldots c_k(M^{2n})^{i_k} f^*(x))[V^{2n-4}] = 0.$$

Dieser Ausdruck verschwindet, da alle charakteristischen Zahlen von $[V^{2n-4}, f \circ j : V^{2n-4} \to X]$ nach Voraussetzung verschwinden.

5.12. Satz. Es ist $\partial \Omega^U_{2n}(X) \subset \mathcal{W}_{2n-2}(X)$. Für $u \in \Omega^U_{2n}(X)$ ist $\partial u = 0$ genau dann, wenn jede charakteristische Zahl von u, die c_1 als Faktor enthält, verschwindet.

Beweis. $\Delta^X \partial u = \varepsilon(\Delta_2)^2 \nu^X \varepsilon \Delta_2 \nu^X(u)$

$$= \varepsilon \Delta_2(\Delta_2 \nu^X \varepsilon \Delta_2 \nu^X)(u) = 0.$$

Der zweite Teil der Behauptung wird wie 5.11 bewiesen.

§ 6 Identifikation von $\mathcal{W}(X)$

In [5] § 8 wird ein Homomorphismus $\chi : \Omega^U_{2n} \longrightarrow \Omega^U_{2n+4}$ konstruiert mit $\Delta \circ \chi$ = Identität. Die gleiche Konstruktion liefert einen Homomorphismus $\chi^X : \Omega^U_{2n}(X) \longrightarrow \Omega^U_{2n+4}(X)$ mit der Eigenschaft $\Delta^X \circ \chi^X$ = Identität. Die Konstruktion soll der Vollständigkeit halber hier skizziert werden. Es sei M^{2n} eine schwach fast-komplexe Mannigfaltigkeit und $f : M^{2n} \rightarrow X$ eine stetige Abbildung. $\bar{\nu}$ sei ein differenzierbares komplexes Geradenbündel über M^{2n} mit $c_1(\bar{\nu}) = -c_1(M^{2n})$. Mit $I_{\mathbf{C}}$ wird das triviale komplexe Geradenbündel über M^{2n} bezeichnet. Es sei $\xi = \bar{\nu} \oplus 2I_{\mathbf{C}}$ und $P(\xi)$ der Totalraum des zugehörigen projektiven Bündels. $S(\xi)$ sei das Einheitssphärenbündel von ξ und S^1 operiere auf $S(\xi) \times \mathbf{C}$ durch $\lambda(a,x) = (\lambda a, \lambda x)$. η sei das komplexe Geradenbündel $S(\xi) \times \mathbf{C}/S^1 \rightarrow P(\xi)$ (s. [5] S.34). $M^{2n+4} = P(\xi)$ ist eine Mannigfaltigkeit mit $P(\bar{\nu}) = M^{2n} \subset M^{2n+4}$, und man hat eine Faserung $p : P(\xi) \rightarrow M^{2n}$ mit Faser $\mathbf{C}P(2)$. Das Tangentialbündel längs der Fasern ist stabil reell isomorph zu

$$\eta \otimes p^*(\bar{\nu} \oplus 2I_C) = \eta \otimes p^*(\bar{\nu}) \oplus \eta \oplus \eta$$

und ebenso stabil reell isomorph zu $\eta \otimes p^*(\bar{\nu}) \oplus \bar{\eta} \oplus \eta$. Das stabile Tangentialbündel längs der Fasern wird mit einer komplexen Struktur versehen, so daß es stabil komplex isomorph ist zu $\eta \otimes p^*(\bar{\nu}) \oplus \bar{\eta} \oplus \eta$. Das Tangentialbündel von $P(\xi)$ normal zur Faser ist $p^*\tau(M^{2n})$ und wird mit der von M^{2n} induzierten schwach fast-komplexen Struktur versehen. Damit wird M^{2n+4} zu einer schwach fast-komplexen Mannigfaltigkeit mit totaler Chernscher Klasse

$$(1 + p^*c_1 + \ldots + p^*c_n)(1 + d - p^*c_1)(1 - d^2)$$

Dabei ist c_i die i-te Chernsche Klasse von M^{2n} und $d = c_1(\eta)$.

6.1. Definition. $\chi^X[M^{2n}, f : M^{2n} \to X] = [M^{2n+4}, f \circ p : M^{2n+4} \to X]$.

Wie in [5] S. 37 wird bewiesen, daß $\Delta^X \chi^X$ = Identität und $\partial \chi^X(u) = 0$ für alle $u \in \Omega^U_{2n}(X)$. Aus $\Delta^X \chi^X$ = Identität und $\mathcal{W}_{2n}(X) = \mathrm{Kern}(\Delta^X : \Omega^U_{2n}(X) \to \Omega^U_{2n-4}(X))$ folgt

$$\begin{aligned} \Omega^U_{2n}(X) &= \mathcal{W}_{2n}(X) \oplus \chi^X(\Omega^U_{2n-4}(X)) \\ &= \mathcal{W}_{2n}(X) \oplus \chi^X(\mathcal{W}_{2n-4}(X) \oplus \chi^X(\Omega^U_{2n-8}(X))). \\ &= \ldots\ldots \end{aligned}$$

6.2. Satz. $\Omega^U_{4n}(X) \cong \bigoplus_{k=0}^{n} \mathcal{W}_{4k}(X)$, $\Omega^U_{4n+2}(X) \cong \bigoplus_{k=0}^{n} \mathcal{W}_{4k+2}$ und

$$\mathrm{Rang}\ \mathcal{W}_{2n}(X) = \mathrm{Rang}\ \Omega^U_{2n}(X) - \mathrm{Rang}\ \Omega^U_{2n-4}(X).$$

Der Isomorphismus in Satz 6.2 wird zur Definition der Projektion $\rho : \Omega^U_{2n}(X) \to \mathcal{W}_{2n}(X)$ benutzt. Wegen $\partial \chi = 0$ hat man das kommutative Diagramm (vgl. 5.12)

$$\begin{array}{ccc} \Omega^U_{2n}(X) & \xrightarrow{\ \rho\ } & \mathcal{W}_{2n}(X) \\ & \partial \searrow \quad \swarrow \partial & \\ & \mathcal{W}_{2n-2}(X) & \end{array} \qquad (6.3)$$

Das nächste Ziel ist es, für endliche CW-Komplexe X mit $H_*(X;Z)$ frei abelsch und $H_{2i+1}(X;Z) = 0$ für alle i die Gruppen $\mathcal{W}_{2n}(X)$ und $\tilde{\Omega}^{SU}_{2n+2}(CP(2) \wedge X^+)$ zu identifizieren. Es sei X ein endlicher CW-Komplex mit den genannten Eigenschaften. Der Homomorphismus i_* aus der Sequenz (4.5) bildet $\tilde{\Omega}^{SU}_{2n+2}(\mathbf{C}P(2) \wedge X^+)$ injektiv auf einen direkten Summanden von $\Omega^U_{2n}(X)$ ab.

6.4. Satz. Das Bild von $i_* : \tilde{\Omega}^{SU}_{2j+2}(\mathbf{C}P(2) \wedge X^+) \longrightarrow \Omega^U_{2j}(X)$ ist gleich $\mathcal{W}_{2j}(X)$.

Beweis. η sei das ausgezeichnete Geradenbündel über $\mathbf{C}P(1)$. (vgl. die Fußnote auf Seite 3 - 7). $\eta_1 \to BU(1) = \mathbf{C}P(\infty)$ und $\eta_{n+1} \longrightarrow BU(n+1)$ seien universelle $U(1)$ bzw. $U(n+1)$-Bündel mit Faser $\mathbf{C}$ bzw. $\mathbf{C}^{n+1}$. $\xi_n \longrightarrow BSU(n)$ sei das universelle $SU(n)$-Bündel mit Faser $\mathbf{C}^n$. Man hat auf natürliche Weise Bündelabbildungen

$$\begin{array}{ccccc}
\xi_n \times \eta \times X & \xrightarrow{j} & \xi_n \times \eta_1 \times X & \xrightarrow{f} & \eta_{n+1} \times X \\
\downarrow & & \downarrow & & \downarrow \\
BSU(n) \times \mathbf{C}P(1) \times X & \xrightarrow{\bar{j}} & BSU(n) \times \mathbf{C}P(\infty) \times X & \xrightarrow{\bar{f}} & BU(n+1) \times X
\end{array}$$

und Abbildungen der zugehörigen Thomschen Räume

$$\begin{array}{ccccc}
M(\xi_n \times \eta \times X) & \longrightarrow & M(\xi_n \times \eta_1 \times X) & \longrightarrow & M(\eta_{n+1} \times X) \\
\| & & \| & & \| \\
MSU(n) \wedge \mathbf{C}P(2) \wedge X^+ & \xrightarrow{j} & MSU(n) \wedge \mathbf{C}P(\infty) \wedge X^+ & \xrightarrow{f} & MU(n+1) \wedge X^+
\end{array} .$$

Der Homomorphismus i_* wird definiert durch

$$f_* \circ j_* : \pi_{2j+2n+2}(MSU(n) \wedge \mathbf{C}P(2) \wedge X^+) \longrightarrow \pi_{2j+2n+2}(MU(n+1) \wedge X^+)$$

(vgl. 4.4). Wie in [5] § 17 hat man ein kommutatives Diagramm mit Thom-Isomorphismen

$$\begin{array}{ccccc}
H^{k+2n+2}(MU(n+1) \wedge X^+) & \xrightarrow{f^*} & H^{k+2n+2}(MSU(n) \wedge \mathbf{C}P(\infty) \wedge X^+) & \xrightarrow{j^*} & H^{k+2n+2}(MSU(n) \wedge \mathbf{C}P(2) \wedge X^+) \\
\uparrow \Psi & & \uparrow \Psi & & \uparrow \Psi \\
H^k(BU(n+1) \times X) & \xrightarrow{\bar{f}^*} & H^k(BSU(n) \times \mathbf{C}P(\infty) \times X) & \xrightarrow{\bar{j}^*} & H^k(BSU(n) \times \mathbf{C}P(1) \times X)
\end{array}$$

Es sei $g : S^{2j+2n+2} \longrightarrow MSU(n) \wedge \mathbb{C}P(2) \wedge X^+$ eine stetige Abbildung und $x \in H^{2j}(BU(n+1) \times X)$. Dann ist $\langle \psi(x), f_* j_* g_* [S^{2j+2n+2}] \rangle$ eine normale Chernsche Zahl des Elementes $i_*[g] \in \Omega^U_{2j}(X)$. Es ist

$$\langle \psi(x), f_* j_* g_* [S^{2j+2n+2}] \rangle = \langle g^* \psi(\bar{j}^* \bar{f}^*(x)), [S^{2j+2n+2}] \rangle$$

und $\bar{j}^* \bar{f}^* : H^4(BU(n+1) \times X) \to H^4(BSU(n) \times \mathbb{C}P(1) \times X)$ bildet $(c_1)^2$ in 0 ab. D. h. wenn x die Klasse $(c_1)^2$ als Faktor enthält, ist obige normale Chernsche Zahl gleich Null. Da die erste Chernsche Klasse gleich dem Negativen der normalen ersten Chernschen Klasse ist, gilt die gleiche Aussage für die Chernschen Zahlen und $i_* \tilde{\Omega}^{SU}_{2j+2}(\mathbb{C}P(2) \wedge X^+) \subset \mathcal{W}_{2j}(X)$. Nach 4.3 und 6.2 gilt

$$\begin{aligned} \text{Rang}\ \tilde{\Omega}^{SU}_{2j+2}(\mathbb{C}P(2) \wedge X^+) &= \text{Rang}\ \Omega^{SU}_{2j}(X) + \text{Rang}\ \Omega^{SU}_{2j-2}(X) \\ &= \text{Rang}\ \Omega^{U}_{2j}(X) - \text{Rang}\ \Omega^{U}_{2j-4}(X) \\ &= \text{Rang}\ \mathcal{W}_{2j}(X) \end{aligned}$$

Damit ist der Satz bewiesen.

Nun erhält die exakte Sequenz (4.7) die Form

$$(6.5) \qquad \begin{aligned} 0 \longrightarrow \Omega^{SU}_{2j-1}(X) \xrightarrow{\theta} \Omega^{SU}_{2j}(X) \xrightarrow{\alpha} \mathcal{W}_{2j}(X) \xrightarrow{\beta} \Omega^{SU}_{2j-2}(X) \xrightarrow{\theta} \\ \xrightarrow{\theta} \Omega^{SU}_{2j-1}(X) \longrightarrow 0 \end{aligned}$$

6.6. Satz. Der Homomorphismus α in (6.5) ist durch die Standard-Abbildung $\Omega^{SU}_{2j}(X) \longrightarrow \Omega^{U}_{2j}(X)$ induziert und für den Rand-operator $\tilde{\partial} = \alpha \circ \beta$ aus (4.11) gilt $\tilde{\partial} = -\partial_0$, wo $\partial_0 = \partial \mid \mathcal{W}(X)$ und ∂ in 5.8 definiert ist.

Beweis. α ist definiert durch die Folge von Abbildungen

$$\Omega_{2j}^{SU}(X) = \pi_{2j+2n+2}(MSU(n)\wedge CP(1)\wedge X^+) \to \pi_{2j+2n+2}(MSU(n)\wedge CP(2)\wedge X^+)$$

$$\xrightarrow{j_*} \pi_{2j+2n+2}(MSU(n)\wedge CP(\infty)\wedge X^+) \to \pi_{2j+2n+2}(MU(n+1)\wedge X^+) = \Omega_{2j}^{U}(X).$$

Diese Folge kann man ersetzen durch die folgende Sequenz von Standard-Abbildungen

$$\Omega_{2j}^{SU}(X) = \pi_{2j+2n}(MSU(n)\wedge X^+) \to \pi_{2j+2n}(MU(n)\wedge X^+) = \Omega_{2j}^{U}(X) .$$

Damit ist der erste Teil der Behauptung bewiesen.

$\beta : \mathcal{W}_{2j}(X) \longrightarrow \Omega_{2j-2}^{SU}(X)$ ist definiert durch

$$\mathcal{W}_{2j}(X) \xleftarrow[f_*\circ j_*]{\cong} \pi_{2n+2j+2}(MSU(n)\wedge CP(2)\wedge X^+) \xrightarrow[h_*]{} \pi_{2n+2j+2}(MSU(n)\wedge S^4\wedge X^+),$$

wo h_* induziert ist durch die Abbildung $h' : CP(2) \to S^4$, bei der $CP(1)$ auf einen Punkt zusammengeschlagen wird. j und f sind im Beweis zu 6.4 definiert. $j' : MSU(n)\wedge S^2\wedge X^+ \longrightarrow MSU(n)\wedge CP(\infty)\wedge X^+$ ist durch die Inklusion $S^2 = CP(1) \subset CP(\infty)$ induziert. In dem Diagramm

$$\begin{array}{ccccccc} & & S^{2n+2j+2} & & & & \\ & & \Big\downarrow g & & & & \\ MU(n+1)\wedge X^+ & \xleftarrow{f\circ j} & MSU(n)\wedge CP(2)\wedge X^+ & \xrightarrow{h} & MSU(n)\wedge S^4\wedge X^+ & \xrightarrow{S^2(f\circ j')} & MU(n+1)\wedge S^2\wedge X^+ \end{array}$$

repräsentiert g ein Element $[g]\in \widetilde{\Omega}_{2j+2}^{SU}(CP(2)\wedge X^+)$ und $f\circ j\circ g$ das Bild von $[g]$ in $\mathcal{W}_{2j}(X)$. Die Abbildung $g' = h\circ g$ repräsentiert $\beta[f\circ j\circ g]\in \pi_{2j+2n+2}(MSU(n)\wedge S^4\wedge X^+)$, und schließlich repräsentiert $S^2(f\circ j')\circ h\circ g$ das Element $\alpha\circ\beta[f\circ j\circ g]$. Man betrachtet das kommutative Diagramm

$$\begin{array}{ccc}
H^{2j-2}(BU(n+1)\times X) & \xrightarrow[\cong]{\psi_1} & \tilde{H}^{2j+2n+2}(MU(n+1)\wedge S^2\wedge X^+) \\
\downarrow \bar{j}'^* \bar{f}^* & & \downarrow S^2(f\circ j')^* \\
H^{2j-2}(BSU(n)\times X) & \xrightarrow[\cong]{\psi_2} & \tilde{H}^{2j+2n+2}(MSU(n)\wedge S^4\wedge X^+) \\
 & & \downarrow h^* \qquad \searrow g'^* \\
 & & \qquad\qquad \tilde{H}^{2j+2n+2}(S^{2j+2n+2}) \\
 & & \qquad \nearrow g^* \\
H^{2j}(BSU(n)\times \mathbb{C}P(1)\times X) & \xrightarrow[\cong]{\psi_3} & \tilde{H}^{2j+2n+2}(MSU(n)\wedge \mathbb{C}P(2)\wedge X^+) \\
\uparrow \bar{j}^*\bar{f}^* & & \uparrow j^*f^* \\
H^{2j}(BU(n+1)\times X) & \xrightarrow[\cong]{\psi_4} & \tilde{H}^{2j+2n+2}(MU(n+1)\wedge X^+)
\end{array} \quad .$$

Die ψ_ν sind Thomsche Isomorphismen. Es bezeichne d das erzeugende Element von $\mathbb{C}P(1)$, so daß $\bar{j}^*\bar{f}^*(c_1 \otimes 1) = 1 \otimes d \otimes 1$. Es ist $\bar{j}^*\bar{f}^*(c_2 \otimes 1) = c_2 \otimes 1 \otimes 1$, $\bar{j}^*\bar{f}^*(c_k \otimes 1) = c_k \otimes 1 \otimes 1 + c_{k-1} \otimes d \otimes 1$ für $k \geq 3$ und $\bar{j}^*\bar{f}^*(c_1 c_\omega \otimes 1) = c_\omega \otimes d \otimes 1$, wenn c_ω die Klasse c_1 nicht enthält (s. [5] S. 66). Nun enthalte c_ω die Klasse c_1 nicht als Faktor. Dann gilt:

$$\begin{aligned}
g'^* S^2(f\circ j')^* \psi_1(c_\omega \otimes x) &= g'^* \psi_2 \; \bar{j}'^* \bar{f}^*(c_\omega \otimes x) \\
&= g^* h^*((\psi_2'(c_\omega)) \otimes s_4 \otimes x) \\
&= g^*((\psi_2'(c_\omega) \otimes d^2 \otimes x) \\
&= g^* \psi_3(c_\omega \otimes d \otimes x) \\
&= g^* \psi_3 \; \bar{j}^*\bar{f}^*(c_\omega c_1 \otimes x) \\
&= g^* \psi_4(c_\omega c_1 \otimes x)
\end{aligned}$$

Dabei ist $\psi_2' : H^*(BSU(n)) \longrightarrow \tilde{H}^*(MSU(n))$ der Thom-Isomorphismus und s_4 das erzeugende Element von $H^4(S^4;Z)$ mit $h'^*(s_4) = d^2$. Wenn $[M^{2j}, u : M^{2j} \to X] \in \mathcal{W}_{2j}(X)$ und $\alpha\circ\beta[M^{2j}, u : M^{2j} \to X] =$

$= [V^{2j-2}, v : V^{2j-2} \to X]$, dann gilt für die normalen charakteristischen Zahlen

$$\bar{c}_\omega (V^{2j-2})\, v^*(x)[V^{2j-2}] = \bar{c}_1 \bar{c}_\omega (M^{2j})\, u^*(x)[M^{2j}] ,$$

falls $\bar{c}_1$ nicht in $\bar{c}_\omega$ enthalten ist. Wenn $\bar{c}_1$ ein Faktor von $\bar{c}_\omega$ ist, sind beide Seiten gleich Null, da $\bar{j}'^*\bar{f}^*(c_1) = 0$ und $\bar{j}^*\bar{f}^*(c_1{}^2) = 0$. Jedes Produkt von Chernschen Klassen des stabilen Tangentialbündels läßt sich schreiben als Linearkombination von Produkten aus normalen Chernschen Klassen, $c_\omega = \sum n_{\omega'} c_{\omega'}$. Da außerdem $-c_1 = \bar{c}_1$, ist $c_1 c_\omega = -\sum n_{\omega'} \bar{c}_1 \bar{c}_{\omega'}$ und

$$c_1 c_\omega u^*(x)[M^{2j}] = -\sum n_{\omega'} \bar{c}_1 \bar{c}_{\omega'} u^*(x)[M^{2j}] = -\sum n_{\omega'} \bar{c}_{\omega'} v^*(x)\,[V^{2j-2}]$$
$$= -c_\omega v^*(x)[V^{2j-2}] .$$

Daher ist $\alpha \circ \beta = -\partial$ und der Satz ist bewiesen. Dieser Beweis ist eine direkte Übertragung des Beweises von (17.3) in [5].

6.7. Korollar. Die Gruppe $\mathcal{H}_{2n+2}$ in der exakten Sequenz (4.12) ist gleich der 2n-ten Homologiegruppe $H_{2n}(\mathcal{W}(X))$ des Kettenkomplexes $(\mathcal{W}(X), \partial_0)$ mit dem durch $\partial : \Omega^U_*(X) \to \Omega^U_*(X)$ induzierten Randoperator.

§ 7 Die Homologie von $\mathcal{W}(BU(1))$

Es seien X und Y CW-Komplexe wie in § 5.

7.1. Satz. Wenn $a \in \mathcal{W}(X)$ und $b \in \mathcal{W}(Y)$, dann gilt für den Operator ∂, daß

$$\partial(a \times b) = a \times \partial b + \partial a \times b - [\mathbb{C}P(1)]\, \partial a \times \partial b.$$

Beweis. Nach 5.7 ist $\nu^{X \times Y}(a \times b) = z_0(a \times b) + z_2 \partial(a \times b) + \dots$ und

$$\begin{aligned} \nu^X(a) \times \nu^Y(b) &= (z_0 a + z_2 \partial a) \times (z_0 b + z_2 \partial b) \\ &= z_0(a \times b) + z_2(a \times \partial b + \partial a \times b) + z_2{}^2(\partial a \times \partial b) \\ &= z_0(a \times b) + z_2(a \times \partial b + \partial a \times b - [\mathbb{C}P(1)]\partial a \times \partial b) \\ &\quad -2z_4(\partial a \times \partial b)\ . \end{aligned} \tag{7.2}$$

Denn nach [5] (7.1) gilt für die Elemente $\{z_i\}$ der Basismenge in 5.6, daß

$$(z_2)^2 = -[\mathbb{C}P(1)]\, z_2 - 2z_4 \quad .$$

In [5] S. 33 wird gezeigt, daß es eine schwach fast-komplexe Mannigfaltigkeit V^4 gibt mit $\Delta[V^4] = -c_1{}^2[V^4] = 1$. Eine solche Mannigfaltigkeit ist z.B. $\mathbb{C}P(2)$ mit der folgenden schwach fast-komplexen Struktur, die von der natürlichen verschieden ist. τ sei das Tangentialbündel von $\mathbb{C}P(2)$. Dann ist $2I \oplus \tau$ reell äquivalent zu $\eta \oplus \bar{\eta} \oplus \eta$, wo η das ausgezeichnete Geradenbündel über $\mathbb{C}P(2)$ ist. $2I \oplus \tau$ wird mit der von $\eta \oplus \bar{\eta} \oplus \eta$ induzierten komplexen Struktur versehen. Diese V^4 hat die totale Chernsche Klasse

$$c(V^4) = (1 - d^2)(1 + d) = 1 + d - d^2,$$

wo d die erste Chernsche Klasse von η ist. Die Orientierung von V^4 ist der natürlichen Orientierung von $\mathbb{C}P(2)$ entgegengesetzt, und es ist

$$\nu[V^4] = z_o[V^4] + z_2\partial[V^4] + z_4 .$$

Für die Klassen a, b aus 7.1 erhält man mit $\nu(\partial a) = z_o\partial a$ und $\nu(\partial b) = z_o\partial b$, daß

(7.3) $\qquad \nu([V^4]\partial a \times \partial b) = z_o a' + z_2 b' + z_4(\partial a \times \partial b)$

mit $a', b' \in \Omega_*^U(X \times Y)$. Zusammen mit (7.2) erhält man daraus

(7.4) $\qquad \nu(a \times b + 2[V^4]\, \partial a \times \partial b) = z_o a'' + z_2 b''$

mit $a'', b'' \in \Omega_*^U(X \times Y)$. Das ergibt den folgenden Satz.

7.5. Satz. Wenn $a \in \mathcal{W}(X)$ und $b \in \mathcal{W}(Y)$, dann ist

$$a \times b + 2[V^4]\partial a \times \partial b \in \mathcal{W}(X \times Y) .$$

Mit W(X) wird der Z_2-Vektorraum $\mathcal{W}(X) \otimes Z_2 = \mathcal{W}(X)/2\mathcal{W}(X)$ bezeichnet. Dabei wird $\mathcal{W}(X)/2\mathcal{W}(X)$ als Teilmenge von $\Omega_*^U(X)/2\Omega_*^U(X) = \Omega_*^U(X) \otimes Z_2$ betrachtet, so daß die Klassenbildung in der größeren Gruppe stattfindet. In diesem Sinne liefert Satz 7.5 eine Paarung

$$W(X) \otimes W(Y) \longrightarrow W(X \times Y) \quad .$$

Insbesondere ist W(X) ein W-Modul mit $W = \mathcal{W}/2\mathcal{W}$ im oben angegebenen Sinne. Für $W = \mathcal{W} \otimes Z_2$ beweisen Conner und Floyd den folgenden Satz.

7.6. Satz ([5] (11.1)). W ist eine Polynom-Algebra über Z_2 mit Erzeugenden z_{2n} für jedes positive $n \neq 2$. Außerdem ist $\partial z_2 = 0$ und $\partial z_{4n} = z_{4n-2}$ für $n \geq 2$, und für alle $x, y \in W$ ist

$$\partial(x \cdot y) = (\partial x)y + x(\partial y) + z_2(\partial x)(\partial y) \quad .$$

Das Element z_2 wird von $CP(1)$ repräsentiert.

Die Elemente z_{2n} sind im allgemeinen von den Basiselementen in 5.6 verschieden.

X sei wieder ein CW-Komplex mit $H_*(X;Z)$ frei abelsch und $H_{2i+1}(X;Z) = 0$ für alle i. Es soll gezeigt werden, daß $W(X) \cong H_*(X;Z_2) \otimes_{Z_2} W$. Dazu wird die Spektralsequenz von $\Omega^U_*(X) \otimes Z_2$ betrachtet mit dem Term

$$E^2_{p,q} \cong H_p(X;\Omega^U_q \otimes Z_2) \cong H_p(X;Z_2) \otimes (\Omega^U_q \otimes Z_2) \ .$$

Da $E^2_{p,q} \neq 0$ nur für p und q gerade, ist $d^r = 0$ für alle $r \geq 2$. und $E^\infty = E^2$. Der Homomorphismus

$$\Omega^U_p(X) \otimes Z_2 \longrightarrow J_{p,0}/J_{p-1,1} \cong E^\infty_{p,0} \cong H_p(X;Z_2)$$

ist gerade der in 2.13 definierte Fundamentalklassen-Homomorphismus modulo 2, der mit μ_2 bezeichnet wird. Das wird ebenso wie in [4] (7.2) bewiesen.

Für jede nicht-negative ganze Zahl n sei $\{ x^i_{2n} \mid i = 1, 2,.. \}$ eine Basis von $H_{2n}(X;Z_2)$ und $\{ y^i_{2n} \}$ eine Menge von Elementen aus $\Omega^U_{2n}(X) \otimes Z_2$ mit $\mu_2(y^i_{2n}) = x^i_{2n}$. Dann ist $\{ y^i_{2n} \mid n = 0,1,2,..$

$i = 1,2,\dots,i_n\}$ eine Basis für den freien $\Omega_*^U \otimes Z_2$-Modul $\Omega_*^U(X) \otimes Z_2$. Aus Dimensionsgründen ist für jedes $a \in \Omega_{2n-4}^U(X)$ $\mu(\chi^X a) = 0$, wo $\chi^X : \Omega_{2n-4}^U(X) \longrightarrow \Omega_{2n}^U(X)$ der in § 6 definierte Homomorphismus ist. Daher ist $\mu_2(\varrho y_{2n}^i) = x_{2n}^i$ mit ϱ aus 6.2, und $\{\varrho y_{2n}^i\}$ ist eine Basis des freien $\Omega_*^U \otimes Z_2$-Moduls $\Omega_*^U(X) \otimes Z_2$. Dabei sind die $\{\varrho y_{2n}^i\}$ aus $W_{2n}(X)$. Es sei V_* der von $\{\varrho y_{2n}^i\}$ erzeugte freie W-Modul. Nach 7.5 ist $V_* \subset W(X)$. Es gilt

$$
\begin{aligned}
\dim_{Z_2} V_{2n} &= \sum_{i+j=n} \operatorname{Rang} H_{2i}(X;Z) \operatorname{Rang} \mathcal{W}_{2j} \\
&= \sum \operatorname{Rang} H_{2i}(X;Z)(\operatorname{Rang} \Omega_{2j}^U - \operatorname{Rang} \Omega_{2j-4}^U) \\
&= \operatorname{Rang} \Omega_{2n}^U(X) - \operatorname{Rang} \Omega_{2n-4}^U(X) \\
&= \operatorname{Rang} \mathcal{W}(X) = \dim_{Z_2} W(X) .
\end{aligned}
$$

Daher ist $V_* = W(X)$ und die Behauptung ist bewiesen.

Aus 7.1 ergibt sich der folgende Satz.

7.7. Satz. Wenn $a \in W(X)$ und $b \in W(Y)$, dann ist

$$\partial(a \times b) = (\partial a) \times b + a \times (\partial b) + z_2(\partial a) \times (\partial b) .$$

Es sei $W''(X) = z_2 W(X)$. Wegen $\partial(z_2 x) = z_2 \partial x$ ist $W''(X)$ ein Unterkomplex von $W(X)$. Der durch die Zuordnung $x \mapsto z_2 x$ definierte Homomorphismus $W_{2n-2}(X) \to W''_{2n}(X)$ ist ein Isomorphismus und eine Kettenabbildung vom Grade 2. Mit $W'(X)$ wird der Kettenkomplex $W(X)/W''(X)$ mit dem induzierten Randoperator ∂' bezeichnet. Man hat eine exakte Sequenz

$$(7.8) \qquad 0 \longrightarrow W''(X) \longrightarrow W(X) \longrightarrow W'(X) \longrightarrow 0 .$$

Ist Y ein weiterer CW-Komplex und $f : X \to Y$ eine stetige Abbildung, so ist der induzierte Homomorphismus $f_* : W(X) \to W(Y)$ ein Kettenhomomorphismus und das Diagramm

$$\begin{array}{ccccccccc} 0 & \to & W''(X) & \to & W(X) & \to & W'(X) & \to & 0 \\ & & \downarrow f_* & & \downarrow f_* & & \downarrow f_* & & \\ 0 & \to & W''(Y) & \to & W(Y) & \to & W'(Y) & \to & 0 \end{array}$$

ist kommutativ.

Die Paarung $W(X) \otimes W(Y) \to W(X \times Y)$ induziert Paarungen $W''(X) \otimes W''(Y) \to W''(X \times Y)$ und $W'(X) \otimes W'(Y) \to W'(X \times Y)$. Insbesondere ist $W'(X)$ ein W'-Modul mit $W' = W'(pt)$. Für $a \in W'(X)$ und $b \in W'(Y)$ gilt $\partial'(a \times b) = (\partial' a) \times b + a \times (\partial' b)$. Es sei $\{u_\nu\}$ eine Basis für den freien W-Modul $W(X)$ und u'_ν das Bild von u_ν in $W'(X)$ unter der natürlichen Projektion. Dann ist $W'(X)$ ein freier W'-Modul mit Basis $\{u'_\nu\}$.

Für X wird zunächst der klassifizierende Raum $BU(1)$ gewählt. Es seien $u_{4i} = \rho[CP(2i), \xi_{2i}]$ für $i = 0, 1, 2, ..$ und $u_{4i-2} = \partial[CP(2i), \xi_{2i}]$ für $i = 1, 2, \ldots$, wo ξ_{2i} das ausgezeichnete komplexe Geradenbündel über $CP(2i)$ ist. $H^*(BU(1);Z)$ ist isomorph zu dem ganzzahligen Polynomring in $d \in H^2(BU(1);Z)$. Wegen $\xi^*_{2i}(d^{2i})[CP(2i)] = \pm 1$ und $\xi^*_{2i}(d^{2i-1})[\partial CP(2i)] = (2i+1)\xi^*_{2i}(d^{2i})[CP(2i)] = \pm(2i+1)$ repräsentieren die u_{2i} eine Basis für den W-Modul $W(BU(1))$. Mit u'_{2i} wird die Klasse von u_{2i} in $W'(BU(1))$ bezeichnet. Wenn für $a \in W'$ und $i > 0$ gilt $\partial'(au'_{2i}) = (\partial' a)u'_{2i} + a(\partial' u'_{2i}) = 0$, dann ist $\partial' a = 0$ und $\partial' u'_{2i} = 0$, d. h. $u'_{2i} = \partial' u'_{2i+2}$ und $au'_{2i} = \partial'(au'_{2i+2})$ ist ein

Rand. Daher ist $H(W'(BU(1)) = H(W')$.

Von nun an wird für X der klassifizierende Raum BU(l) genommen. $\varkappa^l$: $BU(1) \times BU(1) \times \ldots \times BU(1) \longrightarrow BU(l)$ sei die durch die Inklusion $\underbrace{U(1) \times U(1) \times \ldots \times U(1)}_{l} \longrightarrow U(l)$ induzierte Abbildung der klassifizierenden Räume. Eine Basis für den W-Modul W(BU(l)) erhält man auf folgende Weise: Zu jeder Partition $\omega = (i_1, .., i_s)$ von n mit $s \leq l$ ist $u_\omega = \varkappa^l_*(u_{2i_1} \times u_{2i_2} \times \ldots \times u_{2i_s} \times \underbrace{u_o \ldots \times u_o}_{l-s})$ ein Element aus $W_{2n}(BU(l))$. Um zu zeigen, daß die u_ω eine Basis bilden, wird daran erinnert, daß die Klassen $s^l_\omega(c)$ (s. 1.6) für alle $\omega \in \pi^l(n)$, wo mit $\pi^l(n)$ die Menge der Partitionen von n in höchstens l natürliche Zahlen bezeichnet wird, eine Basis von $H^{2n}(BU(l);Z)$ bilden. Wenn $\mu: \Omega^U_*(BU(l)) \longrightarrow H_*(BU(l);Z)$ der Fundamentalklassen-Homomorphismus ist, dann ist $\langle \mu(u_\omega), s^l_\omega(c) \rangle \equiv 1 \mod 2$, und für alle $\omega' \in \pi^l(n)$ mit $\omega \neq \omega'$ gilt $\langle \mu(u_\omega), s^l_{\omega'}(c) \rangle = 0$, d. h. die Menge $\{\mu_2(u_\omega) \mid \omega \in \pi^l(n)\}$ ist eine Basis von $H_{2n}(BU(l);Z_2)$.

$u'_\omega = \varkappa^l_*(u'_{2i_1} \times \ldots \times u'_{2i_s} \times u'_o \times \ldots \times u'_o)$ sei das Bild von u_ω in $W'(BU(l))$. Es ist

$$\partial' \varkappa^l_*(u'_{2i_1} \times \ldots \times u'_{2i_s} \times u'_o \times \ldots \times u'_o) = \sum \varkappa^l_*(u'_{2i_1} \times \ldots \partial' u'_{2i_\nu} \times \ldots u'_{2i_s} \times \ldots \times u'_o).$$

Daher ist $\partial' u'_\omega = 0$, wenn $\omega = (i_1, i_2, \ldots, i_s)$ nur aus ungeraden i_ν besteht. In diesem Falle ist u'_ω auch ein Rand. Außerdem ist $\partial' u'_\omega = 0$, wenn ω außer Paaren von gleichen geraden Zahlen nur ungerade Zahlen enthält. In diesem Falle ist u'_ω kein Rand genau dann, wenn keine ungeraden Zahlen in der Partition ω auftreten. Da Zykeln und Ränder in W' bekannt sind, kann man H(W'(BU(1)) angeben.

7.9. Satz. H(W'(BU(1))) ist ein freier H(W')-Modul mit Basis $\{u'_\omega\}$, wo ω alle Partitionen der Form $(2i_1, 2i_1, 2i_2, 2i_2, \ldots, 2i_s, 2i_s)$ mit $s \leq 1/2$ durchläuft. H(W') ist nach Conner und Floyd [5] S. 45 eine Polynom-Algebra mit einem Erzeugenden in jeder Dimension 8n mit $n > 1$. Die Erzeugenden sind in [5] explizit angegeben.

Aus der exakten Sequenz (7.8) erhält man die lange exakte Sequenz

(7.10) $\rightarrow H_{2k}(W''(BU(1))) \longrightarrow H_{2k}(W(BU(1))) \longrightarrow H_{2k}(W'(BU(1))) \rightarrow \ldots$

7.11. Satz. Der Homomorphismus $H_{2k}(W(BU(1))) \rightarrow H_{2k}(W'(BU(1)))$ ist sürjektiv.

Beweis. Nach [5] (11.2) ist $H(W) \longrightarrow H(W')$ ein sürjektiver Ringhomomorphismus.

$$\varkappa_*^2(u_{4i} \times u_{4i} + z_2 u_{4i-2} \times u_{4i}) \in W(BU(2))$$

ist ein Zykel nach 7.7 und wegen $\partial z_2 = 0$ und geht unter der Projektion $W(BU(1)) \longrightarrow W'(BU(1))$ auf $\varkappa_*(u'_{4i} \times u'_{4i})$. Wegen 7.6 ist

(7.12) $$v_\omega = \varkappa_*^\ell\left(\left(\prod_{\nu=1}^{s} (u_{4i_\nu} \times u_{4i_\nu} + z_2 u_{4i-2} \times u_{4i})\right) \times u_o \times \ldots \times u_o\right)$$

$\in W(BU(1))$ ein Zykel und wird unter der Projektion $W(BU(1)) \longrightarrow W'(BU(1))$ auf $\varkappa_*^\ell(u'_{4i_1} \times u'_{4i_1} \times \ldots \times u'_{4i_s} \times u'_{4i_s} \times u'_o \times \ldots \times u'_o)$ abgebildet. Wegen der Modul-Eigenschaft von H(W(X)) und H(W'(X))

folgt mit dem anfangs erwähnten Satz von Conner und Floyd die Behauptung.

Damit erhält man aus (7.10) die kurze exakte Sequenz

(7.13) $$0 \longrightarrow H(W''(BU(1))) \longrightarrow H(W(BU(1))) \longrightarrow H(W'(BU(1))) \longrightarrow 0 .$$

Durch die Zuordnung $x \mapsto z_2 x$ für alle $x \in W(BU(1))$ wird ein Isomorphismus $H_{2n-2}(W(BU(1))) \to H_{2n}(W''(BU(1)))$ induziert. h_2 sei die Klasse von z_2 in $H_{2n}(W)$. Multiplikation mit h_2 liefert einen Isomorphismus von $H_{2n-2}(W(BU(1)))$ auf den Kern von $H_{2n}(W(BU(1))) \to H_{2n}(W'(BU(1)))$.

7.14. Satz. $H(W(BU(1)))$ ist freier $H(W)$-Modul mit Basis $\{v_\omega\}$, wo die v_ω durch (7.12) definiert sind und ω alle Partitionen der Form $(2i_1, 2i_1, 2i_2, 2i_2, \ldots, 2i_s, 2i_s)$ mit $s \leq 1/2$ durchläuft. Die Dimension von v_ω ist $8\sum_{\nu=1}^{s} i_\nu = 2d(\omega)$. Nach Conner-Floyd [5] (11.4) ist $H(W)$ eine Polynom-Algebra über Z_2 mit Erzeugenden h_2 und h_{8k}, $k \geq 2$.

Conner und Floyd beweisen weiter das folgende Ergebnis [5] (11.8).

7.15. Satz. Der Homomorphismus $H(\mathcal{W}) \to H(W)$ bildet $H(\mathcal{W})$ isomorph auf eine Unteralgebra von $H(W)$ ab, die durch $(h_2)^2$ und h_{8k}, $k \geq 2$, erzeugt wird. Daher ist $H(\mathcal{W})$ eine Polynom-Algebra über Z_2 mit Erzeugenden c_4 und c_{8k}, $k \geq 2$.

Mit Hilfe dieses Satzes wird, wieder unter Benutzung der Methoden von Conner und Floyd [5], $H(\mathcal{W}(BU(1)))$ bestimmt. Zunächst gilt

7.16. Satz. Jedes Element von $H(\mathcal{W}(BU(1)))$ hat die Ordnung 2.

Beweis. Es sei $u \in \mathcal{W}(BU(1))$ ein Zykel. Dann ist $[CP(1)]\cdot u \in \mathcal{W}(BU(1))$ und $\partial[CP(1)]u = 2u$.

7.17. Satz. Für jede nicht-negative ganze Zahl k ist

$$H_{2k}(W(BU(1))) = H_{2k}(\mathcal{W}(BU(1))) \oplus H_{2k-2}(\mathcal{W}(BU(1))) .$$

Beweis. Zu der exakten Sequenz

$$0 \longrightarrow \mathcal{W}(BU(1)) \xrightarrow{2} \mathcal{W}(BU(1)) \longrightarrow \mathcal{W}(BU(1))/2\mathcal{W}(BU(1)) = W(BU(1)) \longrightarrow 0$$

gehört die exakte Homologie-Sequenz

$$\longrightarrow H_{2k}(\mathcal{W}(BU(1))) \xrightarrow{2} H_{2k}(\mathcal{W}(BU(1))) \longrightarrow H_{2k}(W(BU(1))) \longrightarrow$$

und die Behauptung folgt aus 7.16.

7.18. Satz. $H(\mathcal{W}(BU(1)))$ ist ein $H(\mathcal{W})$-Modul.

Beweis. Wenn $a \in \mathcal{W}$ mit $\partial a = 0$ und $b \in \mathcal{W}(BU(1))$ mit $\partial b = 0$, dann ist $a\cdot b \in \mathcal{W}(BU(1))$ nach 7.5 und $\partial(a\cdot b) = 0$ nach 7.1. Wenn a oder b ein Rand ist, dann ist auch $a\cdot b$ ein Rand.

Bemerkung. Natürlich liefert das gleiche Argument für zwei CW-Komplexe X und Y eine Paarung $H(\mathcal{W}(X)) \otimes H(\mathcal{W}(Y)) \longrightarrow H(\mathcal{W}(X \times Y))$.

7.19. Satz. Der durch die Projektion $\mathcal{W}(BU(1)) \longrightarrow W(BU(1))$ induzierte Homomorphismus $H(\mathcal{W}(BU(1))) \longrightarrow H(W(BU(1)))$ bildet $H(\mathcal{W}(BU(1)))$ auf den freien $H(\mathcal{W})$-Modul ab, für den die Elemente v_ω aus 7.14

eine Basis bilden. $H(\mathcal{W}(BU(1)))$ ist ein freier $H(\mathcal{W})$-Modul mit Basis $\{w_\omega\}$, wo $\dim w_\omega = 2d(\omega)$ und ω alle Partitionen der Form $(2i_1, 2i_1, 2i_2, 2i_2, \dots, 2i_s, 2i_s)$ mit $s \leq 1/2$ durchläuft.

Beweis. Die Injektivität der Abbildung wurde in 7.17 gezeigt. Es wird bewiesen, daß jedes v_ω im Bild liegt. Die Klasse $\tilde{v}_\omega$ wird definiert als Produkt von Zykeln $\mathcal{H}^2_*(w_{2i,2i})$ mit $w_{2i,2i} \in \mathcal{W}(BU(1) \times BU(1))$ und

$$w_{2i,2i} = u_{4i} \times u_{4i} + 2[V^4] u_{4i-2} \times u_{4i-2} - ([CP(1)] u_{4i} \times u_{4i-2} + 4[V^4] u_{4i-2} \times u_{4i-2})$$

$$= u_{4i} \times u_{4i} - [CP(1)] u_{4i} \times u_{4i-2} - 2[V^4] u_{4i-2} \times u_{4i-2} \; .$$

Der Term mit $[V^4]$ tritt wegen 7.5 auf, damit der ganze Ausdruck ein Element aus $\mathcal{W}(BU(1) \times BU(1))$ liefert. Mit $\partial[V^4] = 0$ und 7.1 rechnet man nach, daß $\mathcal{H}^2_*(w_{2i,2i})$ ein Zykel in $\mathcal{W}(BU(2))$ ist. Dann ist

$$\tilde{v}_\omega = \mathcal{H}^l_*\Big(\Big(\prod_{\nu=1}^{s} w_{2i_\nu, 2i_\nu}\Big) \times u_o \times \dots \times u_o\Big) \in \mathcal{W}(BU(l))$$

ebenfalls ein Zykel (vgl. Bemerkung nach 7.18), und $\tilde{v}_\omega$ wird unter der Projektion $\mathcal{W}(BU(l)) \to W(BU(l))$ auf v_ω abgebildet. Der von den Klassen der $\tilde{v}_\omega$ in $H(\mathcal{W}(BU(l)))$ erzeugte freie $H(\mathcal{W})$-Modul wird mit V_* bezeichnet. Es sei w_{2k} die Anzahl der Partitionen $\omega = (2i_1, 2i_1, 2i_2, 2i_2, \dots, 2i_s, 2i_s)$ mit $s \leq 1/2$ und $d(\omega) = k$. Dann gilt für die Dimension der Z_2-Vektorräume V_{2k}

$$\dim V_{2k} = \sum_{i+j=k} w_{2i} \dim H_{2j}(\mathcal{W})$$

$$= \sum_{i+j=k} w_{2i} (\dim H_{2j}(W) - \dim H_{2j-2}(\mathcal{W}))$$

$$= \dim H_{2k}(W(BU(l))) - \sum_{i+j=k-1} w_{2i} \dim H_{2j}(\mathcal{W})$$

Mit dieser Formel, in der 7.17 für $H_{2j}(\mathcal{W})$ benutzt wurde, und 7.17 wird durch vollständige Induktion über die Dimensionen bewiesen, daß $\dim V_{2k} = \dim H_{2k}(\mathcal{W}(BU(1)))$ und daher $V_{2k} = H_{2k}(\mathcal{W}(BU(1)))$.

§ 8 Die Torsion von $\Omega_*^{SU}(BU(1))$

Aus der exakten Sequenz (4.12) erhält man zusammen mit 6.7, daß

(8.1) $$H_{2n}(\mathcal{W}(BU(1))) \cong \Omega_{2n+1}^{SU}(BU(1)) \oplus \Omega_{2n-3}^{SU}(BU(1)) .$$

Wegen $H_{8n+2}(\mathcal{W}(BU(1))) = 0$ und $H_{8n+6}(\mathcal{W}(BU(1))) = 0$ ist $\Omega_{8n+3}^{SU}(BU(1)) \cong \Omega_{8n+7}^{SU}(BU(1)) = 0$. Da $H_{8n}(\mathcal{W}(BU(1)))$ durch Multiplikation mit der Klasse $c_4 \in H_4(\mathcal{W})$ isomorph auf $H_{8n+4}(\mathcal{W}(BU(1)))$ abgebildet wird, erhält man aus (8.1) mit 8n bzw. 8n + 4 statt 2n die Isomorphie

$$\Omega_{8n+1}^{SU}(BU(1)) \oplus \Omega_{8n}^{SU}(BU(1)) \cong \Omega_{8n+5}^{SU}(BU(1)) \oplus \Omega_{8n+1}^{SU}(BU(1))$$

und daraus $\Omega_{8n-3}^{SU}(BU(1)) \cong \Omega_{8n+5}^{SU}(BU(1))$ für alle n. Daher ist $\Omega_{8n+5}^{SU}(BU(1)) = 0$ und $\Omega_{8n+1}^{SU}(BU(1)) \cong H_{8n}(\mathcal{W}(BU(1)))$. Aus (6.5) folgt, daß $\text{Torsion}(\Omega_{2j}^{SU}(BU(1))) \cong \Omega_{2j-1}^{SU}(BU(1))$. Die Ergebnisse werden zusammengefaßt zu

8.2. Satz. $\Omega_{8n+3}^{SU}(BU(1)) \cong \Omega_{8n+5}^{SU}(BU(1)) \cong \Omega_{8n+7}^{SU}(BU(1)) = 0$

$$\text{Tors.}\Omega_{8n}^{SU}(BU(1)) \cong \text{Tors.}\Omega_{8n+4}^{SU}(BU(1)) \cong \text{Tors.}\Omega_{8n+6}^{SU}(BU(1)) = 0$$

$$\text{Tors.}\Omega_{8n+2}^{SU}(BU(1)) \cong \Omega_{8n+1}^{SU}(BU(1)) \cong H_{8n}(\mathcal{W}(BU(1))) \cong$$
$$\cong H_{8n+4}(\mathcal{W}(BU(1))) .$$

Als nächstes soll der Kettenkomplex $(\mathcal{W}(BU(1)),\partial_0)$ etwas genauer beschrieben werden.

8.3. Satz. In dem Kettenkomplex $(\mathcal{W}(BU(1)),\partial_0)$ gilt für die Gruppe der Zykeln $Z(\mathcal{W}(BU(1)))$ und die Gruppe der Ränder $B(\mathcal{W}(BU(1)))$:

$Z_j(\mathcal{W}(BU(1)))$ besteht aus den Klassen von $\mathcal{W}_j(BU(1))$, bei denen jede charakteristische Zahl mit c_1 als Faktor verschwindet. Für $j \neq 8n + 4$ ist

$$Z_j(\mathcal{W}(BU(1))) = \mathrm{Bild}(\Omega_j^{SU}(BU(1)) \xrightarrow{\alpha} \Omega_j^U(BU(1))) ,$$

wo α in 6.6 beschrieben ist. Außerdem ist

$$B_{8n+4}(\mathcal{W}(BU(1))) = \mathrm{Bild}(\Omega_{8n+4}^{SU}(BU(1)) \xrightarrow{\alpha} \Omega_{8n+4}^{U}(BU(1))).$$

Beweis. Die erste Behauptung ist eine Aussage von 5.12. Für die zweite Behauptung betrachtet man die exakten Sequenzen

$$\Omega_{2j}^{SU}(BU(1)) \xrightarrow{\alpha} \mathcal{W}_{2j}(BU(1)) \xrightarrow{\beta} \Omega_{2j-2}^{SU}(BU(1))$$

$$0 \to \Omega_{2j-3}^{SU}(BU(1)) \longrightarrow \Omega_{2j-2}^{SU}(BU(1)) \xrightarrow{\alpha} \mathcal{W}_{2j-2}(BU(1))$$

(s. § 4). Nach 6.6 ist $\partial_0 = -\alpha \circ \beta$. Aus $\Omega_{2j-3}^{SU}(BU(1)) = 0$ folgt, daß α injektiv ist, und Kern ∂_0 = Kern β = Bild α . Nun ist $\Omega_{2j-3}^{SU}(BU(1)) = 0$, wenn $2j - 3 \not\equiv 1 \bmod 8$, d. h. $2j \not\equiv 4 \bmod 8$. In der Dimension $8n + 4$ folgt aus der exakten Sequenz (s. § 4)

$$\mathcal{W}_{8n+6}(BU(1)) \xrightarrow{\beta} \Omega_{8n+4}^{SU}(BU(1)) \longrightarrow \Omega_{8n+5}^{SU}(BU(1)) = 0 ,$$

daß β surjektiv ist und Bild α = Bild ∂_0 .

§ 9 Die Relationen zwischen den charakteristischen Zahlen einer SU-Mannigfaltigkeit und eines U(k)-Bündels

Der durch die Standard-Abbildung $j : BSU \to BU$ induzierte Homomorphismus $(j \times id)_* : H_*(BSU \times BU(k);\mathbb{Q}) \longrightarrow H_*(BU \times BU(k);\mathbb{Q})$ ist injektiv. Im folgenden wird $H_*(BSU \times BU(k);\mathbb{Q})$ mittels $(j \times id)_*$ mit einem Untervektorraum von $H_*(BU \times BU(k);\mathbb{Q})$ identifiziert.

9.1. Satz. $\gamma^{U,U(k)}(Z_j(\mathcal{W}(BU(k)))) = A_j^{U,U(k)} \cap H_j(BSU \times BU(k);\mathbb{Q})$.

Beweis. Nach 3.6 ist $\gamma\Omega_j^U(BU(k)) = A_j^{U,U(k)}$ und nach 8.3 ist $Z_j(\mathcal{W}(BU(k)))$ genau die Teilmenge von $\Omega_j^U(BU(k))$, bei der alle charakteristischen Zahlen verschwinden, die die erste Chernsche Klasse c_1 der Mannigfaltigkeit enthalten. D. h. $\gamma(Z_j(\mathcal{W}(BU(k))))$ besteht aus den Elementen von $A_j^{U,U(k)}$, die auf allen Klassen aus $H^j(BU \times BU(k);\mathbb{Q})$, die c_1 als Faktor enthalten, verschwinden. Das ist die Behauptung.

9.2. Definition. Es sei $\tilde{A}_j^{U,U(k)} = A_j^{U,U(k)} \cap H_j(BSU \times BU(k);\mathbb{Q})$.

Durch die Standard-Abbildungen $BSU \to BSO$ und $BU(k) \to BSO(2k) \to BSO(2k+1)$ sei die Abbildung $\chi : BSU \times BU(k) \longrightarrow BSO \times BSO(2k+1)$ definiert. Mit $S^{**}_{SO,SO(2k+1)} \subset H^{**}(BSO \times BSO(2k+1);\mathbb{Q})$ wird der Z-Modul bezeichnet, der von den Potenzreihen der Form $s_\omega(e_p) \times s^k_\mu(e_p)$ erzeugt wird (vgl. 2.7). $S_*^{Spin,SO(2k+1)} \subset H_*(BSO \times BSO(2k+1);\mathbb{Q})$ sei das ganzzahlige Dual von $(\hat{\mathfrak{a}} \times 1)S^{**}_{SO,SO(2k+1)}$, und schließlich sei $A_n^{Spin,SO(2k+1)} = S_*^{SO,SO(2k+1)} \cap H_n(BSO \times BSO(2k+1);\mathbb{Q})$.

9.3. Definition. $A_j^{SU,U(k)} = \tilde{A}_j^{U,U(k)}$, wenn $j \not\equiv 4 \mod 8$

$$A_{8n+4}^{SU,U(k)} = \tilde{A}_{8n+4}^{U,U(k)} \cap \chi_*^{-1}(2A_{8n+4}^{Spin,SO(2k+1)})$$

9.4. Satz. Für $j \not\equiv 4 \mod 8$ ist $\gamma\Omega_j^{SU}(BU(k)) = A_j^{SU,U(k)}$, d. h. in diesem Falle werden alle Relationen zwischen den charakteristischen Zahlen einer SU-Mannigfaltigkeit und eines U(k)-Bündels gegeben durch die Formel $z\mathcal{T}[M,\xi] \in Z$ für alle $z \in S_{SU,U(k)}^{**} = (j \times id)^{**} S_{U,U(k)}^{**}$.

Beweis. $\alpha: \Omega_j^{SU}(BU(k)) \to \mathcal{W}_j(BU(k)) \subset \Omega_j^{U}(BU(k))$ ist die Standard-Abbildung (vgl. 6.6). Es ist $\gamma^{SU,U(k)} = \gamma^{U,U(k)} \circ \alpha$ und daher nach 8.2 für $j \neq 8n + 4$

$$\gamma^{SU,U(k)}\Omega_j^{SU}(BU(k)) = \gamma^{U,U(k)}Z_j(\mathcal{W}(BU(k))) = \tilde{A}_j^{U,U(k)} .$$

Damit ist der Satz bewiesen.

Im Falle $j = 8n + 4$ ist $\alpha\Omega_{8n+4}^{SU}(BU(k)) = B_{8n+4}(\mathcal{W}(BU(k)))$, und

$$\gamma^{U,U(k)}Z_{8n+4}(\mathcal{W}(BU(k)))/\gamma^{SU,U(k)}\Omega_{8n+4}^{SU}(BU(k)) =$$

$$\gamma^{U,U(k)}Z_{8n+4}(\mathcal{W}(BU(k)))/\gamma^{U,U(k)}\alpha\Omega_{8n+4}^{SU}(BU(k))$$ ist isomorph

zu $H_{8n+4}(\mathcal{W}(BU(k)))$.

Andererseits ist $\chi_*\gamma^{SU,U(k)}\Omega_{8n+4}^{SU}(BU(k)) \subset 2A_{8n+4}^{Spin,SO(2k+1)}$ (vgl. z. B. [12]), so daß γ den folgenden Homomorphismus φ induziert.

$$\varphi : H_{8n+4}(\mathcal{W}(BU(k))) = \frac{Z_{8n+4}(\mathcal{W}(BU(k)))}{\alpha\,\Omega^{SU}_{8n+4}(BU(k))} \xrightarrow{\;\gamma\;}$$

$$\frac{\tilde{A}^{U,U(k)}_{8n+4}}{\tilde{A}^{U,U(k)}_{8n+4} \cap \chi_*^{-1}(2A^{Spin,SO(2k+1)}_{8n+4})} \xrightarrow{\;\chi_*\;} \frac{A^{Spin,SO(2k+1)}_{8n+4}}{2A^{Spin,SO(2k+1)}_{8n+4}}$$

Es soll gezeigt werden, daß φ injektiv ist. Definitions- und Bildbereich von φ sind direkte Summanden aus Exemplaren Z_2, und es ist

$$\dim H_{8n+4}(\mathcal{W}(BU(k))) = \sum_{l+s=n} |\pi(l)| \cdot \#\{\omega = (2i_1, 2i_1, \ldots, 2i_t, 2i_t) \mid d(\omega) = 4s \text{ und } t \leq k/2\}$$

$$\dim \frac{A^{Spin,SO(2k+1)}_{8n+4}}{2A^{Spin,SO(2k+1)}_{8n+4}} = \sum_{l+s=2n+1} |\pi(l)| \#\{\omega = (i_1, \ldots, i_t) \mid d(\omega) = s, t \leq k\}$$

Die Repräsentanten der Elemente von $H_{8n+4}(\mathcal{W}(BU(k)))$ sind bekannt. Es sind Produkte der $\tilde{v}_\omega$ aus Satz 7.19 mit Repräsentanten der Erzeugenden der Polynom-Algebra $H(\mathcal{W})$. Repräsentanten dieser Erzeugenden sind in [5] (Theorem (11.8)) angegeben. Das erzeugende Element c_4 in der Dimension 4 wird repräsentiert von der Klasse

$$w_4 = [\mathbb{C}P(1)] \cdot [\mathbb{C}P(1)] + 8[V^4] \qquad ([5] \text{ S. } 48).$$

Für die charakteristischen Klassen von w_4 gilt: $s_2(c)[w_4] = -24$, $s_{(1,1)}(c)[w_4] = 12$, $T(w_4) = 1$. Das erzeugende Element c_{8n}, $n \geq 2$, wird repräsentiert durch

$$w_{8n} = [M^{4n}][M^{4n}] - [\mathbb{C}P(1)][M^{4n-2}][M^{4n}] - 2[V^4][M^{4n-2}][M^{4n-2}],$$

wo die Elemente $[M^{2n}] \in \mathcal{W}_{2n}$ mit $n > 2$ die folgenden Eigenschaften haben ([5] (10.1)).

(1) $\partial[M^{4n}] = [M^{4n-2}]$, $n > 1$

(2) $s_{(n)}(c)[M^{2n}] \equiv 1 \bmod 2$, wenn $n \neq 2^j$ und $n \neq 2^j - 1$

(3) $s_{(2^j-1)}(c)[M^{2^{j+1}-2}] \equiv 2 \bmod 4$

(4) $s_{(2^{j+1})}(c)[M^{2^{j+2}}] \equiv 0 \bmod 2$ ([5] Beweis zu (10.1))

$s_{(2^j,2^j)}(c)[M^{2^{j+2}}] \equiv 1 \bmod 2$, $j > 0$

Damit erhält man für w_{8n} mit $n \geq 2$ das folgende Ergebnis.

9.6. Satz. $s_{(4n)}(c)[w_{8n}] = 0$, $s_{(2n,2n)}(c)[w_{8n}] \equiv 1 \bmod 2$, wenn $n \neq 2^j$. Für $j \geqslant 1$ ist

$$s_{(2^{j+2})}(c)[w_{2^{j+3}}] \equiv 0 \bmod 2$$

$$s_{(2^{j+1},2^{j+1})}(c)[w_{2^{j+3}}] \equiv 0 \bmod 2$$

$$s_{(2^j,2^j,2^j,2^j)}(c)[w_{2^{j+3}}] \equiv 1 \bmod 2$$

Aus diesem Satz folgt in der Terminologie von 3.1

9.7. Korollar. w_4 ist mod 2 vom Typ (0) ,

w_{8n} ist mod 2 vom Typ $(2n,2n)$, wenn $n > 2$, $n \neq 2^j$,

$w_{2^{j+3}}$ ist mod 2 vom Typ $(2^j,2^j,2^j,2^j)$, wenn $j > 0$.

Für die Repräsentanten $\tilde{v}_\omega$ aus dem Beweis zu 7.19 mit $\omega = (2i_1,2i_1,\ldots,2i_s,2i_s)$ mit $s \leq k/2$ gilt

$$s^k_\omega(c)[\tilde{v}_\omega] = 1 \quad \text{und} \quad s^k_{\omega'}(c)[\tilde{v}_\omega] = 0 \quad \text{für} \quad \omega' > \omega ,$$

woraus man folgert, daß $\tilde{v}_\omega$ vom Typ $(0;\omega)$ ist.

Es sei nun $8n + 4$ fest gewählt, $(\omega;\omega')$ ein Paar von Partitionen, so daß $\omega = (2,2,\ldots,2,4i_1,4i_2,\ldots,4i_r)$ mit $2 \leq i_1 \leq i_2 \leq \ldots \leq i_r$,

$\omega' = (2j_1, 2j_1, 2j_2, 2j_2, \ldots, 2j_s, 2j_s)$ mit $j_1 \leq j_2 \leq \ldots \leq j_s$ und $s \leq k/2$ und $d(\omega) + d(\omega') = 4n + 2$. Dann ist

$w_\omega \tilde{v}_{\omega'} = w_4 \times w_4 \times \ldots \times w_4 \times w_{8i_1} \times \ldots \times w_{8i_s} \times \tilde{v}_{\omega'}$ mod 2 vom Typ $(\tilde{\omega}; \omega')$. Dabei erhält man $\tilde{\omega}$ aus ω, indem man alle Terme 2 wegläßt und $4i_\nu$ durch $2i_\nu, 2i_\nu$ ersetzt, wenn $i_\nu \neq 2^j$, und durch $2^j, 2^j, 2^j, 2^j$, wenn $i_\nu = 2^j$ mit $j > 0$. Die auftretenden Paare von Partitionen $(\tilde{\omega}; \omega')$ sind alle verschieden. Daher sind die Bilder der $w_\omega \tilde{v}_{\omega'}$ in $A^{U,U(k)}_{8n+4} / 2A^{U,U(k)}_{8n+4}$ linear unabhängig.

Man kann die schwach fast-komplexen Mannigfaltigkeiten als orientierte Mannigfaltigkeiten und die komplexen Vektorraumbündel als reelle Bündel betrachten. Damit erhält man Elemente aus $\Omega^{SO}_{8n+4}(BSO(2k+1))$. $(\tilde{\omega}; \omega')$ hat die Form $(2\mu; 2\mu')$. Dabei ist für $\mu = (i_1, \ldots, i_s)$ die Partition 2μ definiert als $2\mu = (2i_1, 2i_2, \ldots, 2i_s)$. Da für die auftretenden Elemente aus $\Omega^{U}_{8n+4}(BU(k))$ alle charakteristischen Zahlen, die c_1 als Faktor enthalten, verschwinden, gilt für die angegebenen Elemente $w_\omega \tilde{v}_{\omega'}$ und $(\tilde{\mu}; \mu') \geq (\tilde{\omega}; \omega')$

$$\mathcal{T} s_{2\tilde{\mu}}(e_c) \times s^k_{2\mu'}(e_c)[w_\omega, \tilde{v}_{\omega'}] \equiv \mathcal{T} s_{2\tilde{\mu}}(c) \times s^k_{2\mu'}(c)[w_\omega \tilde{v}_{\omega'}] =$$

$$\hat{\mathfrak{A}} s_{\tilde{\mu}}(p) \times s^k_{\mu'}(p)[w_\omega \tilde{v}_{\omega'}] \equiv \hat{\mathfrak{A}} s_{\tilde{\mu}}(e_p) \times s^k_{\mu'}(e_p)[w_\omega v_{\omega'}] \bmod 2.$$

Daher sind auch die Bilder der $w_\omega \tilde{v}_{\omega'}$ in $A^{Spin,SO(2k+1)}_{8n+4} / 2A^{Spin,SO(2k+1)}_{8n+4}$ linear unabhängig, und es gilt

9.9. Satz. φ ist injektiv.

Daraus folgt sofort das Ergebnis für die Dimensionen $8n + 4$.

9.10. Satz. $\gamma^{SU,U(k)}\Omega^{SU}_{8n+4}(BU(k)) = A^{SU,U(k)}_{8n+4}$.

D. h. alle Relationen werden gegeben durch die Formeln

$z\mathcal{T}[M,\xi] \in Z$ mit $z \in S^{**}_{SU,U(k)}$ und

$z\hat{\alpha}[M,\xi] \in 2Z$ mit $z \in S^{**}_{SO,SO(2k+1)}$.

§ 10 Ein Ergebnis für $\Omega^{Spin}_{8n+4}(BSO(2k+1))$

Ein Teil der Methoden von Stong [22] zur Bestimmung von Ω^{Spin}_{*} führt auch im vorliegenden Falle zu einem Teilergebnis. Stong beweist in [22] die folgenden Sätze (Proposition 4, Proposition 5).

10.1. Satz. p sei eine ungerade Primzahl. Es gibt SU-Mannigfaltigkeiten M^p_{2i} der Dimension 4i, $i \geq 1$, so daß für die Klasse von M^p_{2i} in Ω^{SO}_{4i} gilt

(1) $[M^p_{2i}]$ ist mod p vom Typ (i), wenn $2i \neq p^s - 1$

(2) $[M^p_{2i}]$ ist mod p vom Typ $(\underbrace{\frac{p^{s-1}-1}{2}, \ldots, \frac{p^{s-1}-1}{2}}_{p})$, wenn $2i = p^s - 1$.

10.2. Satz. Für jedes $i \geq 1$ gibt es orientierte 4i-dimensionale Mannigfaltigkeiten M^2_i, so daß $\gamma^{SO,1}[M^2_i] \in B^{Spin}_{4i} = A^{Spin,1}_{4i}$, für die gilt:

(1) $[M^2_i]$ ist mod 2 vom Typ (i), wenn $i \neq 2^s$,

(2) $[M^2_{2^s}]$ ist mod 2 vom Typ $(2^{s-1}, 2^{s-1})$, wenn $s > 0$,

(3) $[M^2_1]$ ist mod 2 vom Typ (0).

Für jede Partition $(i_1, i_2, \ldots, i_r)$ ist $2\gamma^{SO,1}[M^2_{i_1} \times \ldots \times M^2_{i_r}]$ das Bild einer SU-Mannigfaltigkeit.

Für die Anwendung auf das vorliegende Problem werden entsprechende Sätze bewiesen.

10.3. Satz. p sei eine ungerade Primzahl. Zu jeder Partition $\omega = (i_1, i_2, \ldots, i_s)$ von n mit $s \leq k$ gibt es eine SU-Mannigfaltigkeit M^p_ω der Dimension 4n mit einem reellen orientierten (2k+1)-dimensionalen Vektorraumbündel η_ω, so daß $[M^p_\omega, \eta_\omega]$ in $\Omega^{SO}_{4n}(BSO(2k+1))$ mod p vom Typ $(0;\omega)$ ist.

Beweis. Es sei $(\mathbb{C}P(2\omega), \xi_{2\omega})$ wie in 3.5, und $\xi^R_{2\omega}$ sei das reellifizierte Bündel von $\xi_{2\omega}$ und I_R das triviale reelle Geradenbündel $\mathbb{C}P(2\omega) \times \mathbb{R} \longrightarrow \mathbb{C}P(2\omega)$. Dann gilt für

$$[M^p_\omega, \eta_\omega] = \partial[\mathbb{C}P(1) \times \mathbb{C}P(2\omega), \xi^R_{2\omega} \oplus I_R],$$

daß $\hat{\alpha} \times s^k(e_p)[M^p_\omega, \eta_\omega] = 2$ und $\hat{\alpha} \times s^k_{\omega'}(e_p)[M^p_\omega, \eta_\omega] = 0$ für $\omega' > \omega$.

Damit ist der Satz bewiesen.

Es sei $\omega = (i_1, \ldots, i_r)$ eine Partition, und wie in 3.5 sei $\mathbb{C}P(\omega) = \mathbb{C}P(i_1) \times \mathbb{C}P(i_2) \times \ldots \times \mathbb{C}P(i_r)$. Mit ξ_ν wird das ausgezeichnete komplexe Geradenbündel über $\mathbb{C}P(i_\nu)$ mit $c_1(\xi_\nu) = x_\nu$ und mit π_ν die Projektion auf den ν-ten Faktor bezeichnet. $\{j_1, j_2, \ldots, j_s\}$ sei eine Teilmenge von $\{1, 2, \ldots, r\}$ und $\xi = \pi^*_{j_1}\xi_{j_1} \oplus \ldots \oplus \pi^*_{j_s}\xi_{j_s}$. Dann ist $\eta = \xi^R$ ein 2s-dimensionales reelles Vektorraumbündel über $\mathbb{C}P(\omega)$.

10.4. Satz. Für alle Paare von Partitionen $(\lambda;\mu)$ ist

$$(\hat{\alpha} s_\lambda(e_p) \times s^s_\mu(e_p))\partial[\mathbb{C}P(\omega), \eta] \equiv 0 \mod 2 .$$

Beweis. $(\hat{\alpha} s_\lambda(e_p) \times s^s_\mu(e_p))\partial[\mathbb{C}P(\omega), \eta]$ ist eine ganzzahlige Linearkombination in Ausdrücken der Form $I = (e^{x_1} + e^{-x_1} - 2)^{k_1} \ldots$

$$(e^{x_r} + e^{-x_r} - 2)^{k_r}(e^{c_1} + e^{-c_1} - 2)^k \prod_{\nu=1}^{r} \left(\frac{x_\nu/2}{\sinh x_\nu/2}\right)^{i_\nu+1} \left(\frac{\sinh c_1/2}{c_1/2}\right) c_1[\mathbb{C}P(\omega)],$$

wo $c_1 = c_1(CP(\omega))$. Das ist aber der gleiche Ausdruck, den Stong in [22] auf Seite 147 zum Beweis von Proposition 16 berechnet und von dem er nachweist, daß er gerade ist.

10.5. Satz. Zu jeder natürlichen Zahl n und zu jeder Partition $\omega = (j_1,\ldots,j_s)$ von n mit $s \leq k$ gibt es eine orientierte Mannigfaltigkeit M^2_ω der Dimension 4n mit einem (2k+1)-dimensionalen reellen orientierten Vektorraumbündel η^2_ω, so daß $\gamma^{SO,SO(2k+1)}[M^2_\omega,\eta^2_\omega] \in A^{Spin,SO(2k+1)}_{4n}$ und $[M^2_\omega,\eta^2_\omega]$ mod 2 vom Typ $(0;\omega)$ ist. Für jede Partition $(i_1,i_2,\ldots,i_r)$ gilt mit den Mannigfaltigkeiten M^2_i aus 10.2, daß

$$2\gamma^{SO,SO(2k+1)}[M^2_{i_1}\times\ldots\times M^2_{i_r}\times(M^2_\omega,\eta^2_\omega)]\in\Lambda_*\gamma\,\Omega^{SU}_*(BSO(2k+1)),$$

wo $\Lambda_*: H_*(BSU\times BSO(2k+1);\mathbb{Q})\longrightarrow H_*(BSO\times BSO(2k+1);\mathbb{Q})$ durch die Standard-Abbildung $BSU\to BSO$ induziert ist.

Beweis. $(CP(2\omega),\xi_{2\omega})$ sei wie im Beweis zu 10.3 definiert und $\eta_{2\omega}=\xi^R_{2\omega}\oplus I_R$. Nach 5.7 ist

$$\nu^{BSO(2k+1)}[CP(2\omega),\eta_{2\omega}] = z_o[CP(2\omega),\eta_{2\omega}] + z_2\,\partial[CP(2\omega),\eta_{2\omega}] + \ldots$$

$$\nu[CP(1)] = z_o[CP(1)] + 2z_2$$

und

$$\nu^{BSO(2k+1)}[CP(1)\times(CP(2\omega),\eta_{2\omega})] = z_o\,[CP(1)\times(CP(2\omega),\eta_{2\omega})] + z_2\,\partial[CP(1)\times(CP(2\omega),\eta_{2\omega})] + \ldots$$

so daß

$$\partial[CP(1)\times(CP(2\omega),\eta_{2\omega})] = [CP(1)]\,\partial[CP(2\omega),\eta_{2\omega}] + 2\,[V,\eta].$$

Deshalb kann man $[M^2_\omega,\eta^2_\omega]$ definieren durch

$$[M^2_\omega, \eta^2_\omega] = \tfrac{1}{2}\big(\partial([\mathbb{C}P(1)]\cdot[\mathbb{C}P(2\omega),\eta_{2\omega}]) - [\mathbb{C}P(1)]\,\partial[\mathbb{C}P(2\omega),\eta_{2\omega}]\big).$$

Zur Berechnung von $(\hat{\alpha} s_\lambda(e_p) \times s^k_\mu(e_p))[M^2_\omega, \eta^2_\omega]$ und damit zum Bild von $\gamma^{SO,SO(2k+1)}$ trägt der zweite Ausdruck auf der rechten Seite aus Dimensionsgründen nichts bei.

$$\hat{\alpha} s_\lambda(e_p) \times s^k_\mu(e_p)[M^2_\omega, \eta^2_\omega] = \tfrac{1}{2}\,\hat{\alpha} s_\lambda(e_p) \times s^k_\mu(e_p)[\partial(\mathbb{C}P(1) \times (\mathbb{C}P(2\omega),\eta_{2\omega}))]$$

ist nach 10.4 immer eine ganze Zahl, so daß $\gamma^{SO,SO(2k+1)}[M^2_\omega, \eta^2_\omega] \in A^{Spin,SO(2k+1)}_{4n}$. Außerdem ist

$$\hat{\alpha} \times s^k_\omega(e_p)[M^2_\omega, \eta^2_\omega] = \tfrac{1}{2} s^k_{2\omega}(c)[\partial(\mathbb{C}P(1) \times (\mathbb{C}P(2\omega),\eta_{2\omega}))] = 1$$

und $\hat{\alpha} \times s^k_{\omega'}(e_p)\,[M^2_\omega, \eta^2_\omega] = 0$ für $\omega' > \omega$.

Für den letzten Teil der Aussage sei zunächst erwähnt, daß die Mannigfaltigkeiten M^2_i aus 10.2 die Form $[M^2_i] = \frac{1}{2}[N_{2i} - \mathbb{C}P(1) \times N_{2i-1}]$ haben, wo N_j eine 2j-dimensionale Mannigfaltigkeit ist von der Form $\partial\,\mathbb{C}P(\mu)$, μ eine Partition von j (s. Stong [22] S. 144-145).

Es ist

$$\partial\,[\mathbb{C}P(1) \times M^2_{i_1} \times \ldots \times M^2_{i_r} \times (M^2_\omega, \eta^2_\omega)] = \frac{1}{2^{r+1}}\,\partial([\mathbb{C}P(1) \times N_{2i_1} \times \ldots \times N_{2i_r} \times$$

$$\times\, \partial(\mathbb{C}P(1) \times (\mathbb{C}P(2\omega),\eta_{2\omega}))] + \text{Terme der Form } [\mathbb{C}P(1)^t \times \prod N_{2i_\nu} \times \prod N_{2i_\nu -1} \times$$

$$\times\, \partial(\mathbb{C}P(1) \times (\mathbb{C}P(2\omega),\eta_{2\omega}))] \text{ und } [\mathbb{C}P(1)^t \times \prod N_{2i_\nu} \times \prod N_{2i_\nu -1} \times \partial(\mathbb{C}P(2\omega),\eta_{2\omega})]$$

$N_{2i_1} \times N_{2i_2} \times \ldots \times N_{2i_r} \times \partial(\mathbb{C}P(1) \times \mathbb{C}P(2\omega))$ ist eine SU-Mannigfaltigkeit und liegt im Kern von ∂ . Mit 7.1 erhält man, daß der obige Ausdruck gleich ist

$\frac{1}{2^r}\,[N_{2i_1} \times \ldots \times N_{2i_r} \times \partial(\mathbb{C}P(1) \times (\mathbb{C}P(2\omega),\eta_{2\omega}))]$ + Terme, die einen

Faktor der Dimension 4j + 2 enthalten. Diese letzten Terme tragen zur Berechnung von $\hat{\mathfrak{A}} s_\lambda(e_p) \times s_\mu^k(e_p)[\quad]$ natürlich nichts bei, und

$$\Lambda_* \gamma^{SU,SO(2k+1)} \partial [CP(1) \times M_{i_1}^2 \times \ldots \times M_{i_r}^2 \times (M_\omega^2, \eta_\omega^2)] =$$

$$\frac{1}{2^r} \gamma^{SO,SO(2k+1)} [N_{2i_1} \times \ldots \times N_{2i_r} \times \partial (CP(1) \times (CP(2\omega), \eta_{2\omega}))] =$$

$$2 \gamma^{SO,SO(2k+1)} [M_{i_1}^2 \times \ldots \times M_{i_r}^2 \times (M_\omega^2, \eta_\omega^2)] . \qquad \text{w. z. b. w.}$$

Damit kann man nun beweisen, daß

$$2A_{4n}^{Spin,SO(2k+1)} \subset \gamma^{SU,SO(2k+1)} \Omega_{4n}^{SU}(BSO(2k+1)) \subset$$

$$\subset \gamma^{Spin,SO(2k+1)} \Omega_{4n}^{Spin}(BSO(2k+1)) \subset A_{4n}^{Spin,SO(2k+1)} .$$

Andererseits gilt für jede (8n + 4)-dimensionale Spin-Mannigfaltigkeit M und jedes $\eta \in KO(M)$, daß

$$ch(\eta)\, \hat{\mathfrak{A}}(M)[M] \in 2Z ,$$

d. h. $\gamma^{Spin,SO(2k+1)} \Omega_{8n+4}^{Spin}(BSO(2k+1)) \subset 2A_{8n+4}^{Spin,SO(2k+1)}$.

Das liefert mit der vorher angegebenen Folge von Inklusionen das angekündigte Teilergebnis für Spin-Mannigfaltigkeiten.

10.3. Satz. $\gamma \Omega_{8n+4}^{Spin}(BSO(2k+1)) = 2A_{8n+4}^{Spin,SO(2k+1)}$,

d. h. alle Relationen werden in diesem Falle gegeben durch den Ganzzahligkeitssatz $z\, \hat{\mathfrak{A}}\, [M, \xi] \in 2Z$ für alle $z \in S_{SO,SO(2k+1)}^{**}$. Außerdem besteht $A_{8n}^{Spin,SO(2k+1)} / \gamma \Omega_{8n}^{Spin}(BSO(2k+1))$ nur aus Elementen der Ordnung 2.

§ 11 Reelle Vektorraumbündel über schwach fast-komplexen und orientierten Mannigfaltigkeiten

Es wird zuerst der einfachere Fall von SO(2k+1)-Bündeln betrachtet, den man direkt auf den Fall von komplexen Bündeln zurückführen kann. Bei den SO(2k)-Bündeln tritt als weitere charakteristische Klasse die Euler-Klasse auf. Dadurch werden zusätzliche Überlegungen notwendig.

$A_n^{U,SO(2k+1)} \subset H_n(BU \times BSO(2k+1);\mathbb{Q})$ bezeichnet das ganzzahlige Dual von $(\mathcal{T} S^{**}_{U,SO(2k+1)})^n$, und $A_n^{SO,SO(2k+1)} \subset H_n(BSO \times BSO(2k+1);Q)$ bezeichnet das ganzzahlige Dual von $(\alpha\, S_{SO,SO(2k+1)})^n$.

11.1. Satz. $\gamma\Omega_n^U(BSO(2k+1)) = A_n^{U,SO(2k+1)}$, d. h. alle Relationen werden durch den Ganzzahligkeitssatz $z\mathcal{T}[M,\xi] \in Z$ für alle $z \in S^{**}_{U,SO(2k+1)}$ gegeben.

Beweis. Man wählt für jede Partition ω mit $n(\omega) \leq k$ die komplexe Mannigfaltigkeit $N_{2\omega}$ und das Bündel $\xi_{2\omega}$ über $N_{2\omega}$ aus 3.5 und nimmt als reelles Bündel $\eta_{2\omega} = \xi^R_{2\omega} \oplus I_R$. Dann ist

$$\mathcal{T} \times s^k_\omega(e_p)[N_{2\omega}, \eta_{2\omega}] = s^k_{2\omega}(c)[N_{2\omega}, \xi_{2\omega}] = 1$$

und für alle Partitionen $\mu > \omega$ ist $\mathcal{T} \times s^k_\mu(e_p)[N_{2\omega}, \eta_{2\omega}] = 0$. Zusammen mit 3.4 und 2.5 folgt mit dem Verfahren aus § 3 die Behauptung.

11.2. Satz. $\gamma\Omega_n^{SO}(BSO(2k+1)) = A_n^{SO,SO(2k+1)}$.

Beweis. Man wählt $(N_{2\omega}, \eta_{2\omega})$ wie im Beweis zu 11.1 und zeigt mit

Hilfe der Mannigfaltigkeiten aus 3.8 und dem Satz 3.2, daß es zu jedem Paar von Partitionen $(\mu;\omega)$ mit $n(\omega) \leq k$, $4(d(\mu) + d(\omega)) = n$ und jeder Primzahl p ein Element $u^p_{\mu,\omega}$ gibt, so daß die $u^p_{\mu,\omega}$ mod p alle von verschiedenem Typ sind. Wie früher zeigt man, daß die Voraussetzungen von 2.5 erfüllt sind, und die Behauptung ist bewiesen.

11.3. Die Standard-Abbildung $j : BSO(2k) \longrightarrow BSO(2k+1)$ induziert einen injektiven Homomorphismus $j^{**}: H^{**}(BSO(2k+1);\mathbb{Q}) \longrightarrow H^{**}(BSO(2k);\mathbb{Q})$. $H^n(BSO(2k);\mathbb{Q})$ ist isomorph zu der direkten Summe $H^n(BSO(2k+1);\mathbb{Q}) \oplus e_k H^{n-2k}(BSO(2k+1);\mathbb{Q})$. Ebenso hat man eine direkte Summe

$$H^n(BG \times BSO(2k);\mathbb{Q}) \cong H^n(BG \times BSO(2k+1);\mathbb{Q}) \oplus e_k H^{n-2k}(BG \times BSO(2k+1);\mathbb{Q}).$$

Es werden nun Ganzzahligkeitssätze angegeben, die die Euler-Klasse enthalten. Dazu sei ξ ein 2k-dimensionales reelles Vektorraumbündel über der Mannigfaltigkeit M mit Strukturgruppe SO(2k). Die totale Pontrjaginsche Klasse von ξ sei $p(\xi) = \prod_{i=1}^{k}(1 + x_i^2)$. Es gibt einen Bündel-Homomorphismus $\alpha : \Lambda^*(\xi)\otimes\mathbb{C} \to \Lambda^*(\xi)\otimes\mathbb{C}$ mit $\alpha^2 = 1$ (s. z. B. Solovay [25] § 6). $\Lambda_+(\xi)$ und $\Lambda_-(\xi)$ seien die "Eigenbündel" von α zu dem Eigenwert +1 bzw. -1. Dann ist

$$(11.4)\quad ch(\Lambda_+(\xi)) - ch(\Lambda_-(\xi)) = \prod_{i=1}^{k}(e^{-x_i} - e^{x_i}) = (-1)^k 2^k \tilde{\mathfrak{A}}(\xi)^{-1} e(\xi)$$

$$(11.5)\quad ch(\Lambda_+(\xi)) + ch(\Lambda_-(\xi)) = \prod_{i=1}^{k}(e^{x_i} + e^{-x_i}) =$$

$$= \prod(2 + (e^{x_i} + e^{-x_i} - 2)) = \sum_{\nu=0}^{k} 2^{\nu}\sigma_{k-\nu}(e^{x_i} + e^{-x_i} - 2)\ .$$

M sei nun eine orientierte Mannigfaltigkeit. Dann gilt wegen (11.4) für alle Partitionen μ, ω, $n(\omega) \leq k$,

$$(11.6) \qquad 2^k \mathfrak{A} s_\mu(e_p) \times \tilde{\mathfrak{A}}_k^{-1} s^k(e_p) e_k [M, \xi] \in Z .$$

Tatsächlich ist aber schon $2^r \mathfrak{A} s_\mu(e_p) \times \tilde{\mathfrak{A}}_k^{-1} s^k(e_p) e_k [M, \xi]$ eine ganze Zahl, wo $r = \mathrm{Min}(\, k,\ (\dim M)/2 - 2d(\mu) - 2d(\omega) - k)$. Denn man sieht leicht mit dem gleichen Argument wie in 11.8 ein, daß die rationale Zahl $\mathfrak{A} s_\mu(e_p) \times \tilde{\mathfrak{A}}_k^{-1} s^k(e_p) e_k [M, \xi]$ höchstens die Zweier-Potenz 2^r im Nenner enthält.

$T^n_{SO,SO(2k)}$ sei der von den Elementen aus $H^n(BSO \times BSO(2k); Q)$ der Form $(\mathfrak{A} s_\mu(e_p) \times s^k_\omega(e_p))^n$ und $2^r(\mathfrak{A} s_\mu(e_p) \times \tilde{\mathfrak{A}}_k^{-1} s^k_\omega(e_p) e_k)^n$ erzeugte Z-Modul. Dabei wird für $a \in H^{**}(BSO \times BSO(2k); Q)$ mit $(a)^n$ die n-dimensionale Komponente von a bezeichnet, und r ist gleich $\mathrm{Min}(\, k,\ n/2 - 2d(\mu) - 2d(\omega) - k\,)$. $A_n^{SO,SO(2k)} \subset H_n(BSO \times BSO(2k); Q)$ sei das ganzzahlige Dual von $T^n_{SO,SO(2k)}$. Nach (11.6) und den bekannten Ganzzahligkeitssätzen ist $\gamma\Omega_n^{SO}(BSO(2k)) \subset A_n^{SO,SO(2k)}$.

11.7. Satz. $\gamma\Omega_n^{SO}(BSO(2k)) = A_n^{SO,SO(2k)}$, d. h. die Relationen in der Dimension n werden in diesem Falle erzeugt von

$\mathfrak{A} s_\mu(e_p) \times s^k_\omega(e_p) [M, \xi] \in Z$ und

$2^r \mathfrak{A} s_\mu(e_p) \times \tilde{\mathfrak{A}}_k^{-1} s^k(e_p) [M, \xi] \in Z$ für alle Partitionen

μ, ω, wo $r = \mathrm{Min}(\, k,\ n/2 - 2d(\mu) - 2d(\omega) - k\,)$.

Beweis. Um weiter die alten Beweismethoden anwenden zu können, wird jeder Klasse aus $H^{**}(BSO \times BSO(2k);\mathbb{Q})$ der Form

$\mathfrak{A} s_{\mu}(e_p) \times \tilde{\mathfrak{A}}_k^{-1} s_{\omega}^k(e_p) e_k$ mit $\omega = (i_1,\dots,i_s)$, $s \leq k$, das Paar von Partitionen $(\mu;(\underbrace{1,1,\dots,1}_{k-s},2i_1+1,2i_2+1,\dots,2i_s+1))$

zugeordnet. Dem Element $\mathfrak{A} s_{\mu}(e_p) \times s_{\omega}^k(e_p)$ wird das Paar von Partitionen $(\mu;2\omega)$ zugeordnet. Die in § 3 eingeführte Ordnung unter den Paaren von Partitionen liefert so eine Ordnung unter den Elementen von $H^{**}(BSO \times BSO(2k);\mathbb{Q})$ der angegebenen Form. Ein Element $[M,\xi] \in \Omega_n^{SO}(BSO(2k))$ heißt vom Typ $(\mu;(1,1,\dots,1,2i_1+1,\dots,2i_s+1))$ (bzw. mod p vom Typ $(\mu;(1,\dots,2i_s+1))$, p eine Primzahl), wenn

$$(\mathfrak{A} \times \tilde{\mathfrak{A}}_k^{-1})(s_{\mu}(e_p) \times s_{\omega}^k(e_p)e_k)[M,\xi] = 1 \quad (\text{bzw. } \not\equiv 0 \bmod p),$$

wo $\omega = (i_1,\dots,i_s)$, und wenn für alle größeren Paare von Partitionen die zugehörigen Elemente aus $H^{**}(BSO \times BSO(2k);\mathbb{Q})$ auf $[M,\xi]$ verschwinden (bzw. der Wert auf $[M,\xi]$ kongruent 0 modulo p ist).

Nach dieser Vereinbarung sei p eine Primzahl. Dem Paar von Partitionen $(\mu;\omega)$ mit $\mu = (i_1,\dots,i_r)$, $\omega = (\underbrace{1,\dots,1,2j_1+1,\dots,2j_s+1}_{k})$ und $4d(\mu) + 2d(\omega) = n$ wird das Element

$$u_{\mu,\omega}^p = [N_{i_1}^p \times \dots \times N_{i_r}^p \times (N_\omega, \xi_\omega^R)] \in \Omega_n^{SO}(BSO(2k))$$

zugeordnet. Dem Paar $(\mu;\omega)$ mit $\omega = (2i_1,\dots,2i_s)$, $s = k$, und $4d(\mu) + 2d(\omega) = n$ wird das Element

$$u^p_{\mu,\omega} = [N^p_{i_1} \times \ldots \times N^p_{i_r} \times (N_\omega, \xi^R_\omega)] \in \Omega^{SO}_n(BSO(2k))$$

zugeordnet. Die N^p_i sind die Mannigfaltigkeiten aus 3.8, und (N_ω, ξ_ω) ist in 3.5 definiert. Die angegebenen Elemente aus $\Omega^{SO}_n(BSO(2k))$ sind mod p von verschiedenem Typ, und ihre Bilder in $A^{SO,SO(2k)}_n \otimes Z_p$ sind linear unabhängig. Sie bilden daher aus Dimensionsgründen eine Basis. Damit läßt sich wieder 2.5 anwenden, und der Satz ist bewiesen.

Bemerkung. In dem vorangehenden Beweis wurde ausgenutzt, daß die N^2_i mod 2 vom Typ (i) sind, d. h. die Elemente $u^2_{\mu,\omega} \in \Omega^{SO}_n(BSO(2k))$, die $A^{SO,SO(2k)}_n \otimes Z_2$ aufspannen, sind alle von der Art, daß die "dualen" Klassen in $T^n_{SO,SO(2k)}$ Produkte von charakteristischen Klassen sind, so daß der zusätzliche Faktor 2^r in keinem Falle auftritt. Dieses Argument kann man im Falle der schwach fast-komplexen Mannigfaltigkeiten nicht anwenden, weil die komplexen Mannigfaltigkeiten $M^2_{2^{s+1}-1}$ aus 3.4 mod 2 vom Typ $(2^s-1, 2^s-1)$ sind.

11.8. M^{2n} sei eine schwach fast-komplexe Mannigfaltigkeit und ein orientiertes 2k-dimensionales reelles Vektorraumbündel über M^{2n}. Nach (11.4) ist für alle Paare von Partitionen $(\mu;\omega)$, $n(\omega) \leq k$,

$$2^k \mathcal{T} s_\mu(e_c) \times \tilde{\alpha}^{-1}_k s^k_\omega(e_p) e_k [M, \xi] \in Z.$$

Tatsächlich ist aber schon $2^r \mathcal{T} s_\mu(e_c) \times \tilde{\alpha}^{-1}_k s^k_\omega(e_p) e_k [M, \xi] \in Z$, wo $r = \mathrm{Min}(k, n-d(\mu)-2d(\omega)-k)$, denn das Polynom T_m ($\mathcal{T} = \{T_m\}$) läßt sich schreiben als Polynom mit ganzzahligen teilerfremden Koeffizienten dividiert durch eine positive ganze Zahl $\mu(T_m)$ mit $\mu(T_m) = 2^m$.(ungerade Zahl) ([10] 1.7.3). Für die zu $\tilde{\alpha}$ gehörigen

$\widetilde{A}_m$ ist $\widetilde{A}_m = 2^{-2m} A_m$, und A_m ist ein Polynom mit ganzzahligen Koeffizienten dividiert durch eine ungerade ganze Zahl. Da außerdem $m! = 2^{m-\alpha(m)}$.(ungerade Zahl), ist $\mathcal{T}s_\mu(e_c)\widetilde{\alpha}_k^{-1} s_\omega^k(e_p)e_k[M,\xi]$ eine ganzzahlige Linearkombination aus charakteristischen Zahlen von $[M,\xi]$ dividiert durch eine ganze Zahl 2^s(ungerade Zahl) mit $s \leq r$. Aus (11.4) und (11.5) erhält man, daß auch

$$\tfrac{1}{2}(\mathcal{T}s_\mu(e_c) \times s_\omega^k(e_p)\sigma_k(e^{x_i}+e^{-x_i}-2) + 2^k \mathcal{T}s_\mu(e_c) \times \widetilde{\alpha}_k^{-1} s^k(e_p)e_k)[M,\xi]$$

eine ganze Zahl ist. Es ist $s^k_{(i_1,\ldots,i_s)}(e_p)\sigma_k(e^{x_i}+e^{-x_i}-2) = s^k_{(i_1+1,\ldots,i_s+1,1,\ldots,1)}(e_p)$. Dafür soll auch kurz $s^k_{(\omega\oplus 1)}(e_p)$ geschrieben werden.

Definition. $T^n_{U,SO(2k)}$ sei der von den Elementen aus $H^n(BU \times BSO(2k);Q)$ der Form $(\mathcal{T}s_\mu(e_c) \times s_\omega^k(e_p))^n$, $2^r(\mathcal{T}s_\mu(e_c) \times \widetilde{\alpha}_k^{-1} s^k(e_p)e_k)^n$ mit $r = \mathrm{Min}(k,\ n/2 - d(\mu) - 2d(\omega) - k)$ und $\tfrac{1}{2}(\mathcal{T}s_\mu(e_c) \times s^k_{(\omega\oplus 1)}(e_p) + 2^k \mathcal{T}s_\mu(e_c) \times \widetilde{\alpha}_k^{-1} s_\omega^k(e_p)e_k)^n$ erzeugte Z-Modul. $A_n^{U,SO(2k)} \subset H_n(BU \times BSO(2k);Q)$ sei das ganzzahlige Dual von $T^n_{U,SO(2k)}$.

11.9. Satz. $\gamma\Omega_n^U(BSO(2k)) = A_n^{U,SO(2k)}$, d.h. die Relationen werden in der Dimension n erzeugt durch

(i) $\mathcal{T}s_\mu(e_c) \times s_\omega^k(e_p)[M,\xi] \in Z$

(ii) $2^r \mathcal{T}s_\mu(e_c) \times \widetilde{\alpha}_k^{-1} s^k(e_p)e_k[M,\xi] \in Z$ mit
mit $r = \mathrm{Min}(k,\ n/2 - d(\mu) - 2d(\omega) - k)$

(iii) $\tfrac{1}{2}(\mathcal{T}s_\mu(e_c) \times s^k_{(\omega\oplus 1)}(e_p) + 2^k \mathcal{T}s_\mu(e_c) \times \widetilde{\alpha}_k^{-1} s_\omega^k(e_p)e_k)[M,\xi]$
$\in Z$ für alle Paare von Partitionen $(\mu;\omega)$

Beweis. p sei eine ungerade Primzahl. Die im Beweis zu 11.7 eingeführten Vereinbarungen werden auf den vorliegenden Fall übertragen. In der Definition der $u^p_{\mu,\omega}$ in 11.7 werden die Mannigfaltigkeiten N^p_i durch die komplexen Mannigfaltigkeiten M^p_i aus 3.4 ersetzt. Man erhält so zu jedem Paar $(\mu;\omega)$ mit $d(\mu) + d(\omega) = n$ und $\omega = (2j_1,..,2j_s)$, $s \leq k$, bzw. $\omega = (2j_1+1,...,2j_k+1)$ ein Element $u^p_{\mu,\omega} \in \Omega^U_{2n}(BSO(2k))$. Diese sind mod p von verschiedenem Typ, und ihre Bilder in $A^{U,SO(2k)}_n \otimes Z_p$ bilden eine Basis. Damit ist der Fall p ungerade erledigt.

Bisher wurde (iii) nicht benötigt. Ebenso spielte die Potenz 2^r in (ii) keine Rolle. Beide machen das Argument für p = 2 wesentlich komplizierter. Im Rest von §11 wird gezeigt, daß das Bild von $\gamma\Omega^U_n(BSO(2k))$ den Z_2-Vektorraum $A^{U,SO(2k)}_n \otimes Z_2$ aufspannt. Damit kann man wieder 2.5 anwenden.

11.10. Es wird eine Ordnung eingeführt unter den folgenden Tupeln ω von positiven rationalen Zahlen: (a) $(2i_1,2i_2,..,2i_s)$, $s \leq k$,
(b) $(2i_1+\frac{2k+1}{k+1},...,2i_r+\frac{2k+1}{k+1},2i_{r+1}+1,...,2i_k+1)$, $0 \leq r < k$,
(c) $(2i_1+\frac{k}{k+1},2i_2+\frac{2k+1}{k+1},...,2i_k+\frac{2k+1}{k+1})$, wo die i_ν nicht-negative ganze Zahlen sind. $\bar{\omega} = (i_1,...,i_k)$ bezeichne die Partition, die aus den von Null verschiedenen i_ν aus ω gebildet wird, und $d(\omega)$ sei die Summe der Elemente aus ω. Sind μ,ω solche Tupel, dann sei $\mu < \omega$, wenn $d(\mu) < d(\omega)$, oder wenn $d(\mu) = d(\omega)$ und $\bar{\mu} < \bar{\omega}$ nach der Definition in § 3. Wie in §3 wird eine Ordnung unter den Paaren $(\varkappa;\lambda)$ eingeführt, wo $\varkappa$ eine Partition ist und λ ein Tupel der obigen Art. Dem Element $\mathcal{T}s_\mu(e_c) \times s^k_\omega(e_p)$ aus $H^{**}(BU \times BSO(2k);\mathbb{Q})$, wo μ,ω Partitionen sind, $\omega = (j_1,...,j_s)$, $s \leq k$, wird das Paar $(\mu;2\omega)$ zugeordnet. Dem Element

$2^r \mathcal{T} s_\mu(e_c) \times \tilde{\alpha}_k^{-1} s^k(e_p) e_k$, $0 \leq r < k$, wird das Paar

$$(\mu; (2j_1 + \frac{2k+1}{k+1}, \ldots, 2j_r + \frac{2k+1}{k+1}, 2j_{r+1} + 1, \ldots, 2j_k + 1))$$

zugeordnet mit $j_\nu = 0$ für $\nu > s$, wenn $\omega = (j_1, \ldots, j_s)$ mit $s < k$. Dem Element $\frac{1}{2}(\mathcal{T} s_\mu(e_c) \times s^k_{(\omega \oplus 1)}(e_p) + 2^k \mathcal{T} s_\mu(e_c) \times \tilde{\alpha}_k^{-1} s^k_\omega(e_p) e_k)$ wird das Paar

$$(\mu; (2j_1 + \frac{k}{k+1}, 2j_2 + \frac{2k+1}{k+1}, 2j_3 + \frac{2k+1}{k+1}, \ldots, 2j_k + \frac{2k+1}{k+1}))$$

zugeordnet. Diese Paare liefern eine Ordnung unter den Elementen von $H^{**}(BU \times BSO(2k); \mathbb{Q})$ der angegebenen Form. Es ist klar, wann ein Element aus $\Omega^U_*(BSO(2k))$ vom Typ $(\mu;\omega)$ bzw. mod 2 vom Typ $(\mu;\omega)$ heißen soll, wo μ eine Partition und ω ein Tupel von Zahlen der angegebenen Form ist.

$y \in H^2(\mathbb{C}P(2^{s+1}-2); Z)$, $s \geq 1$, und $z \in H^2(\mathbb{C}P(1); Z)$ seien die kanonischen erzeugenden Elemente. Mit $H_{y,z}(\mathbb{C}P(2^{s+1}-2) \times \mathbb{C}P(1))$ oder kürzer $H(2^{s+1}-2)$ wird die zu $y + z$ duale Untermannigfaltigkeit von $\mathbb{C}P(2^{s+1}-2) \times \mathbb{C}P(1)$ bezeichnet.

11.11. Satz. $H(2^{s+1}-2) = H_{y,z}(\mathbb{C}P(2^{s+1}-2) \times \mathbb{C}P(1))$, $s \geq 1$, ist mod 2 vom Typ $((2^s-1, 2^s-1); 0)$.

Beweis. $\mathcal{T} s_{(2^s-1, 2^s-1)}(e_c)[H(2^{s+1}-2)] = (y+z) \Big\{ \binom{2^{s+1}-1}{2} (e^y-1)^{2^{s+1}-2}$

$+ (e^z-1)^{2^{s+1}-2} + 2(2^{s+1}-1)(e^y-1)^{2^s-1}(e^z-1)^{2^s-1} - (2^{s+1}-1) \cdot$

$(e^y-1)^{2^s-1}(e^{y+z}-1)^{2^s-1} - 2(e^z-1)^{2^s-1}(e^{y+z}-1)^{2^s-1}\Big\} [\mathbb{C}P(2^{s+1}-2) \times \mathbb{C}P(1)]$

$= \binom{2^{s+1}-1}{2} - 2^s(2^{s+1}-1) = 1 - 2^{s+1}$, wenn $s \geq 2$, und

$= 3 + 6 - 6 - 2 = 1$, wenn $s = 1$.

$$\mathcal{T}s_{(2^{s+1}-2)}(e_c)[H(2^{s+1}-2)] = (y+z)\left\{(2^{s+1}-1)(e^y-1)^{2^{s+1}-2} + 2(e^z-1)^{2^{s+1}-2} - (e^{y+z}-1)^{2^{s+1}-2}\right\}[\mathbb{C}P(2^{s+1}-2) \times \mathbb{C}P(1)] = (2^{s+1}-1) - (2^{s+1}-1) = 0.$$

Für alle anderen Partitionen μ mit $\mu > (2^s-1, 2^s-1)$ ist $d(\mu) > 2^{s+1} - 2$ und $\mathcal{T}s_\mu(e_c)[H(2^{s+1}-2)] = 0$ aus Dimensionsgründen.

$x \in H^2(\mathbb{C}P(2j+3);Z)$ sei das kanonische erzeugende Element, und $H_{2x}(\mathbb{C}P(2j+3), \xi^R)$ sei das Paar bestehend aus der zu $2x$ dualen Untermannigfaltigkeit von $\mathbb{C}P(2j+3)$ und der Beschränkung des reellifizierten ausgezeichneten Geradenbündels über $\mathbb{C}P(2j+3)$.

11.12. Satz. $H_{2x} = H_{2x}(\mathbb{C}P(2j+3), \xi^R)$ hat die folgenden Eigenschaften:

(i) $\mathcal{T}\times s^1_{j+1}(e_p)[H_{2x}] = 2$

(ii) $\mathcal{T}s_\mu(e_c) \times \tilde{\alpha}_1^{-1} s^1_j(e_p)e_1[H_{2x}] \equiv 0 \bmod 2$ für alle μ

$\mathcal{T}s_\mu(e_c) \times \tilde{\alpha}_1^{-1} s^1_j(e_p)e_1[H_{2x}] \equiv 0 \bmod 4$ für $\mu > (0)$.

Beweis. Zu (i): $x^{2j+2}2x[\mathbb{C}P(2j+3)] = 2$. Zu (ii): Wenn $\mu > (1)$, verschwindet der Ausdruck aus Dimensionsgründen. Es ist

$\mathcal{T}s_1(e_c) \times \tilde{\alpha}_1^{-1} s^1_j(e_p)e_1[H_{2x}] = x^{2j+1}(2j+2)x(2x)[\mathbb{C}P(2j+3)] = 2(2j+2)$, und $\mathcal{T}\times\tilde{\alpha}_1^{-1} s^1_j(e_p)e_1[H_{2x}] = \frac{1}{2}(2j+2)x\, x^{2j+1}(2x)[\mathbb{C}P(2j+3)] = 2j + 2$.

Für das Element $[\mathbb{C}P(2j),\xi^R] \in \Omega_n^U(BSO(2))$ ist $\mathcal{T}\times s_j^1(e_p)[\mathbb{C}P(2j),\xi^R]$ $= 1$, $2\mathcal{T}\times\tilde{\alpha}_1^{-1}s_{j-1}^1(e_p)e_1[\mathbb{C}P(2j),\xi^R] = 2j+1$, und

$\mathcal{T}s_1(e_c)\times\tilde{\alpha}_1^{-1}s_{j-1}^1(e_p)e_1[\mathbb{C}P(2j),\xi^R] = 2j+1$. Der Wert aller Elemente höherer Ordnung auf $[\mathbb{C}P(2j),\xi^R]$ ist Null. Entsprechend ist $\mathcal{T}\times\tilde{\alpha}_1^{-1}s_j^1(e_p)e_1[\mathbb{C}P(2j+1),\xi^R] = 1$, und alle Elemente höherer Ordnung verschwinden auf $[\mathbb{C}P(2j+1),\xi^R]$.

11.13. Satz. $W(2i_1,\dots,2i_s) = (\mathbb{C}P(2i_1),\xi^R)\times\dots\times(\mathbb{C}P(2i_s),\xi^R)\times$
$\times(\text{Punkt},\mathbb{R}^{2k-2s})$

ist vom Typ $(0;(2i_1,2i_2,\dots,2i_s))$.

Beweis. Zunächst ist $\mathcal{T}\times s^k_{(i_1,\dots,i_s)}(e_p)\,[W(2i_1,\dots,2i_s)] = 1$.
Für $(\mu;(r_1,\dots,r_q)) > (0;(2i_1,\dots,2i_s))$ werden die folgenden Fälle unterschieden:

a) $(r_1,\dots,r_q) = (2j_1,\dots,2j_q)$. Dann ist

$$\mathcal{T}s_\mu(e_c)\times s^k_{(j_1,\dots,j_q)}(e_p)[W] = \begin{cases} 0 & \text{aus Dimensionsgründen oder} \\ s^k_{(j_1,\dots,j_q)}(p)[W] = 0 & \end{cases}$$

wegen $(j_1,\dots,j_q) > (i_1,\dots,i_s)$

b) $(r_1,\dots,r_k) = (2j_1+1,\dots,2j_k+1)$. Dann ist

$\mathcal{T}s_\mu(e_c)\times\tilde{\alpha}_k^{-1}s^k_{(j_1,\dots,j_k)}(e_p)e_k[W] = 0$ aus Dimensionsgründen.

c) $(r_1,\dots,r_k) = (2j_1+\frac{2k+1}{k+1},\dots,2j_r+\frac{2k+1}{k+1},2j_{r+1}+1,\dots,2j_k+1)$,

$0<r<k$. Dann ist $\sum 2j_\nu + k + r - \frac{r}{k+1} > \sum 2i_\nu$, d. h.
$\sum 2j_\nu + k + r - 1 \geq \sum 2i_\nu$, und

$$2^{r-1}\mathcal{T}s_\mu(e_c)\times\tilde{\alpha}_k^{-1}s^k_{(j_1,\dots,j_k)}(e_p)e_k[W] \in Z .$$

d) $(r_1,\ldots,r_k) = (2j_1+\frac{k}{k+1}, 2j_2+\frac{2k+1}{k+1},\ldots,2j_k+\frac{2k+1}{k+1})$, d. h.

$\sum_\nu 2j_\nu + 2k - 1 - \frac{k}{k+1} > \sum_\nu 2i_\nu$ und $\sum_\nu 2j_\nu + 2k - 2 \geq \sum_\nu 2i_\nu$.

Dann ist

$$\mathcal{T}s_\mu(e_c) \times s^k_{(j_1+1,\ldots,j_k+1)}(e_p)[W] = 0 \quad \text{und}$$

$$2^{k-2}\mathcal{T}s_\mu(e_c) \times \tilde{\alpha}_k^{-1} s^k_{(j_1,\ldots,j_k)}(e_p)e_k[W] \in Z.$$

11.14. Satz. $U(2i_1+2,\ldots,2i_r+2,2i_{r+1}+1,\ldots,2i_k+1) =$

$(\mathbb{C}P(2i_1+2),\xi^R)\times\ldots\times(\mathbb{C}P(2i_r+2),\xi^R)\times(\mathbb{C}P(2i_{r+1}+1),\xi^R)\times\ldots\times(\mathbb{C}P(2i_k+1),\xi^R)$

mit $0 \leq r < k$ ist mod 2 vom Typ

$(0;(2i_1+\frac{2k+1}{k+1},\ldots,2i_r+\frac{2k+1}{k+1},2i_{r+1}+1,\ldots,2i_k+1)$

Beweis. Es ist $2^r\mathcal{T}\times\tilde{\alpha}_k^{-1}s^k_{(i_1,\ldots,i_k)}(e_p)e_k[U] = s^k_{(i_1\ldots i_p)}(p)e_k[U]$ $= 1$. Für $(\mu;(r_1,\ldots,r_q)) > (0;(2i_1+\frac{2k+1}{k+1},\ldots,2i_k+1))$ werden wieder Fälle unterschieden:

a) $(r_1,\ldots,r_q) = (2j_1,\ldots,2j_q)$. Dann ist $\sum 2j_\nu \geq \sum 2i_\nu + k + r - \frac{r}{k+1}$, d. h. $\sum 2j_\nu \geq \sum 2i_\nu + k + r$ und

$$\mathcal{T}s_\mu(e_c)\times s^k_{(j_1,\ldots,j_q)}(e_p)[U] = \begin{cases} 0 & \text{aus Dimensionsgründen oder} \\ s^k_{(j_1\ldots j_q)}(p)[U] = 0 & \text{wegen } r<k. \end{cases}$$

b) $(r_1,\ldots,r_k) = (2j_1+\frac{2k+1}{k+1},\ldots,2j_s+\frac{2k+1}{k+1},2j_{s+1}+1,\ldots,2j_k+1)$ und $0 \leq s < k$.

<u>$s > r$</u>. Dann ist $\sum 2j_\nu + k + s - \frac{s}{k+1} > \sum 2i_\nu + k + r - \frac{r}{k+1}$ und $\sum 2j_\nu + k + s > \sum 2i_\nu + k + r$, so daß

$$2^{s-1}\mathcal{T}s_\mu(e_c)\times\tilde{\alpha}_k^{-1}s^k_{(j_1,\ldots,j_k)}(e_p)e_k[U] \in Z$$

$\underline{s = r}$. Wenn $\mu > 0$, dann ist aus Dimensionsgründen
$2^{s-1}\mathcal{T} s_\mu(e_c) \times \tilde{\alpha}_k^{-1} s^k_{(j_1,\ldots,j_k)}(e_p) e_k[U] \in Z$. Wenn $\mu = 0$, dann ist
$(j_1,\ldots,j_k) > (i_1,\ldots,i_k)$ und $2^s \mathcal{T} \times \tilde{\alpha}_k^{-1} s^k_{(j_1,\ldots,j_k)}(e_p) e_k[U] =$
$2^s \sum_\nu \mathcal{T} \times \tilde{\alpha}_1^{-1} s^1_{j_\nu}(e_p) e_1 [\mathbb{C}P(2i_1+2), \xi^R]\ \mathcal{T} \times \tilde{\alpha}_{k-1}^{-1} s^{k-1}_{(j_1..\hat{j}_\nu..j_k)}(e_p)\cdot$
$e_{k-1}[(\mathbb{C}P(2i_2+2),\xi^R) \times \ldots \times (\mathbb{C}P(2i_k+1),\xi^R)]$. Wenn $j_\nu > i_1$ ist, verschwindet der erste Faktor. Im anderen Falle ist $(j_1,..\hat{j}_\nu...j_k) > (i_2,\ldots,i_k)$, und der zweite Faktor ist Null, wie man durch fortgesetzte Anwendung der gleichen Zerlegung zeigt.

$\underline{s < r}$. $\sum 2j_\nu + k + s \geq \sum 2i_\nu + k + r$. Wenn $d(\mu) > 1$, folgt die Behauptung wie vorher aus Dimensionsgründen. Es sei $\mu = 0$. Dann ist wegen $\sum 2j_\nu > \sum 2i_\nu + r - s - \frac{r-s}{k+1}$ $(j_1,..,j_k) > (i_1,..,i_k)$, und das gleiche Argument wie vorher führt zum Ziele.

c) $(r_1,\ldots,r_k) = (2j_1 + \frac{k}{k+1},\ldots,2j_k + \frac{2k+1}{k+1})$. Dann ist wegen $r < k$
$\sum 2j_\nu + 2k - 1 - \frac{k}{k+1} > \sum 2i_\nu + k + r - \frac{r}{k+1}$ und $\sum 2j_\nu + 2k - 1 \geq$
$\sum 2i_\nu + k + r + 1$, so daß
$\mathcal{T} s_\mu(e_c) \times s^k_{(j_1+1,\ldots,j_k+1)}(e_p)[U] = 0$ aus Dimensionsgründen und
$2^k \mathcal{T} s_\mu(e_c) \times s^k_{(j_1,\ldots,j_k)}(e_p) e_k[U] \equiv 0 \bmod 4$.

11.15. Satz. $V(2i_1+2,\ldots,2i_k+2) =$

$H_{2x}(\mathbb{C}P(2i_1+3),\xi^R) \times (\mathbb{C}P(2i_2+2),\xi^R) \times \ldots\ldots \times (\mathbb{C}P(2i_k+2),\xi^R)$

ist mod 2 vom Typ $(0;(2i_1 + \frac{k}{k+1}, 2i_2 + \frac{2k+1}{k+1},\ldots,2i_k + \frac{2k+1}{k+1}))$.

Beweis. Es ist $\mathcal{T} s^k_{(i_1+1,\ldots,i_k+1)}(e_p)[V] = 2$ und
$2^k \mathcal{T} \times \tilde{\alpha}_k^{-1} s^k_{(i_1,\ldots,i_k)}(e_p) e_k[V] \equiv 0 \bmod 4$.

Wenn $(\mu;(r_1,\ldots,r_q)) > (0;(2i_1+\frac{k}{k+1},\ldots,2i_k+\frac{2k+1}{k+1}))$, werden wieder Fälle unterschieden.

a) $(r_1,\ldots,r_q) = (2j_1,\ldots,2j_q)$. Dann ist $\sum 2j_\nu > \sum 2i_\nu + 2k - 1 - \frac{k}{k+1}$, d. h. $\sum 2j_\nu \geq \sum 2i_\nu + 2k$ und

$$\mathcal{T}s_\mu(e_c) \times s^k_{(j_1,\ldots,j_q)}(e_p)[V] = \begin{cases} 0 & \text{aus Dimensionsgründen oder} \\ s^k_{(j_1,\ldots,j_q)}(p)[V] \equiv 0 \bmod 2. \end{cases}$$

b) $(r_1,\ldots,r_k) = (2j_1+\frac{2k+1}{k+1},\ldots,2j_r+\frac{2k+1}{k+1},2j_{r+1}+1,\ldots,2j_k+1)$ mit $0 \leq r < k$. Dann ist $\sum 2j_\nu + k + r - \frac{r}{k+1} > \sum 2i_\nu + 2k - 1 - \frac{k}{k+1}$, d.h. $\sum 2j_\nu + k + r \geq \sum 2i_\nu + 2k - 1$ und $d(2j_1+1,\ldots,2j_{r+1}+1, 2j_{r+2},\ldots,2j_k) \geq d(2i_1+1,2i_2+1,\ldots,2i_k+1)$. Es ist

$$\mathcal{T}s_\mu(e_c) \times \tilde{\alpha}_k^{-1} s^k_{(j_1,\ldots,j_k)}(e_p)e_k[V] = \sum A_{\mu_1,\nu}\, B_{\mu_2,\nu} \quad \text{mit}$$

$$A_{\mu_1,\nu} = \mathcal{T}s_{\mu_1}(e_c) \times \tilde{\alpha}_1^{-1} s^1_{(j_\nu)}(e_p)e_1[H_{2x}(\mathbb{C}P(2i_1+3),\xi^R)] \quad \text{und}$$

$$B_{\mu_2,\nu} = 2^r \mathcal{T}s_{\mu_2}(e_c) \times \tilde{\alpha}_{k-1}^{-1} s^{k-1}_{(j_1,\ldots\hat{j}_\nu\ldots j_k)}(e_p)e_{k-1}[(\mathbb{C}P(2i_2+2),\xi^R)\times\ldots]$$

Dabei ist μ_1, μ_2 eine Verfeinerung von μ. Man unterscheidet folgende Fälle:

$\nu \leq r+1$. $2j_\nu + 1 > 2i_1 + 1$, dann ist $A_{\mu_1,\nu} = 0$

$j_\nu = i_1$, dann ist $A_{\mu_1\nu} \equiv 0 \bmod 2$ und $B_{\mu_2\nu} \in Z$ wegen

$$\sum_{\varkappa\neq\nu} 2j_\varkappa + k - 1 + r \geq \sum_{\varkappa>1} 2i_\varkappa + 2k - 2$$

$j_\nu < i_1$, dann ist $d(2j_1+1,\ldots,\widehat{2j_\nu+1},\ldots,2j_k+1) > d(2i_2,\ldots,2i_k)$ und daher $B_{\mu_2\nu} = 0$.

$\nu > r+1$. $2j_\nu > 2i_1 + 1$, dann ist $A_{\mu_1,\nu} = 0$.

$2j_\nu < 2i_1 + 1$, dann ist $d(2j_1+1,\ldots,\widehat{2j_\nu},\ldots,2j_k) > d(2i_2+1,\ldots,2i_k+1)$ und daher $B_{\mu_2\nu} = 0$.

c) $(r_1,\ldots,r_k) = (2j_1+\frac{k}{k+1},2j_2+\frac{2k+1}{k+1},\ldots,2j_k+\frac{2k+1}{k+1})$. Dann ist $\sum 2j_\nu + 2k - 1 \geq \sum 2i_\nu + 2k - 1$ und

$$\mathcal{T} s_\mu(e_c) \times s^k_{(j_1+1,\dots,j_k+1)}(e_p)[V] = \begin{cases} 0 \text{ aus Dimensionsgründen oder} \\ s^k_{(j_1+1,\dots,j_k+1)}(p)[V] = 0 \end{cases}$$

wegen $(j_1,\dots,j_k) > (i_1,\dots,i_k)$. Als nächstes wird die Summe $\sum A_{\mu_1 \nu} B_{\mu_2 \nu}$ aus b) mit k statt r betrachtet und benutzt, daß $d(j_1,\dots,j_k) \geq d(i_1,\dots,i_k)$ und das Gleichheitszeichen nur gilt, wenn $\mu > 0$. Wenn $(\mu_1;j_\nu) > (0;i_1)$, dann ist $A_{\mu_1 \nu} \equiv 0 \bmod 4$ und $B_{\mu_2 \nu} \in Z$. Wenn $(\mu_1;j_\nu) = (0;i_1)$, dann ist $A_{\mu_1 \nu} \equiv 0 \bmod 2$ und $B_{\mu_2 \nu} \equiv 0 \bmod 2$ aus Dimensionsgründen, und wenn $j_\nu < i_1$, dann ist $d(j_1,\dots,\hat{j}_\nu,\dots,j_k) > d(i_2,\dots,i_k)$ und $B_{\mu_2 \nu} = 0$. Damit ist der Satz bewiesen.

11.16. Nun wird jedem Paar von Partitionen $(\mu;\omega)$, $\mu = (i_1,\dots,i_r)$, $\omega = (2j_1,\dots,2j_s)$, $s \leq k$, bzw. $\omega = (2j_1+1,\dots,2j_k+1)$ mit $2d(\mu) + 2d(\omega) = n$ ein Element $u^2_{\mu,\omega} \in \Omega^U_n(BSO(2k))$ zugeordnet, so daß die $\gamma(u^2_{\mu,\omega})$ in $A^{U,SO(2k)}_n \otimes Z_2$ eine Basis bilden.

Wenn $\omega = (2j_1,\dots,2j_s)$, $s \leq k$, dann sei $u^2_{\mu,\omega} = M^2_{i_1} \times \dots M^2_{i_r} \times$

$$\times (\mathbb{C}P(2j_1),\xi^R) \times \dots \times (\mathbb{C}P(2j_s),\xi^R) \times (\text{Punkt}, \mathbb{R}^{2k-2s})$$

mit M^2_i aus 3.4. Dann ist $u^2_{\mu,\omega}$ mod 2 vom Typ $(\tilde{\mu};\omega)$, wo $\tilde{\mu}$ aus μ entsteht, indem man alle i_ν der Form $2^{s_\nu+1} - 1$ durch $2^{s_\nu}-1, 2^{s_\nu}-1$ ersetzt.

Wenn $\omega = (2j_1+1, 2j_2+1,\dots,2j_k+1)$, $j_1 \leq j_2 \leq \dots = j_k$, ist, wird μ folgendermaßen zerlegt: $\mu = (2^{s_1+1} - 1,\dots,2^{s_q+1} - 1, a_{q+1},\dots,a_r)$. Dabei ist entweder $q < k$, und $\alpha = (a_{q+1},\dots,a_r)$

enthält keine weitere Zahl der Form $2^{s+1} - 1$, oder $q = k$, und die Elemente aus α der Form $2^{s+1} - 1$ sind alle $\geq 2^{s_\nu+1} - 1$ für alle $\nu = 1, 2, .., q$. Im Falle $q < k$ wird $u^2_{\mu,\omega}$ definiert als $M^2_{a_{q+1}} \times \ldots \times M^2_{a_r} \times H(2^{s_1+1}-2) \times \ldots \times H(s^{s_q+1}-2) \times U(2j_1+2,..,2j_q+2, 2j_{q+1}+1,\ldots,2j_k+1)$, und dieses $u^2_{\mu,\omega}$ ist mod 2 vom Typ $(\tilde{\mu};(2j_1+\frac{2k+1}{k+1},\ldots,2j_q+\frac{2k+1}{k+1},2j_{q+1}+1,\ldots,2j_k+1))$.

Im Falle $q = k$ wird $u^2_{\mu,\omega}$ definiert als $M^2_{a_{q+1}} \times \ldots \times M^2_{a_r} \times H(2^{s_1+1}-2) \times \ldots \times H(2^{s_k+1}-2) \times V(2j_1+2,\ldots,2j_k+2)$, und dieses $u^2_{\mu,\omega}$ ist mod 2 vom Typ $(\tilde{\mu};(2j_1+\frac{k}{k+1},2j_2+\frac{2k+1}{k+1},\ldots,2j_k+\frac{2k+1}{k+1}))$.

Die so konstruierten $u^2_{\mu,\omega}$ sind alle mod 2 von verschiedenem Typ und daher ihre Bilder in $A_n^{U,SO(2k)} \otimes Z_2$ linear unabhängig. Da ihre Anzahl gleich der Dimension von $H^n(BU \times BSO(2k);Q)$ ist, bilden sie eine Basis von $A_n^{U,SO(2k)} \otimes Z_2$, und Satz 11.9 ist bewiesen.

§ 12 Reelle Vektorraumbündel über SU-Mannigfaltigkeiten

Mit $\Omega_n^{TSU}(BSO(q))$ wird die Teilmenge von $\Omega_n^U(BSO(q))$ bezeichnet, auf der alle charakteristischen Zahlen, die c_1 als Faktor enthalten, verschwinden. Es sei $\tilde{A}_n^{U,SO(q)} = A_n^{U,SO(q)} \cap H_n(BSU \times BSO(q);Q)$.

12.1. Satz. $\gamma\Omega_n^{TSU}(BSO(q)) = \tilde{A}_n^{U,SO(q)}$.

Beweis. Da $\gamma\Omega_n^U(BSO(q)) = \tilde{A}_n^{U,SO(q)}$ nach 11.1 und 11.9, werden die Elemente aus $\Omega_n^U(SO(q))$, auf denen alle charakteristischen Zahlen mit c_1 als Faktor verschwinden, auf $A_n^{U,SO(q)} \cap H_n(BSU \times BSO(q);\mathbb{Q})$ abgebildet.

12.2. Satz. $\gamma\Omega_n^{SU}(BSO(q)) = \tilde{A}_n^{U,SO(q)}$ für $n \not\equiv 4 \bmod 8$

$$\gamma\Omega_{8n+4}^{SU}(BSO(q)) = \tilde{A}_{8n+4}^{U,SO(q)} \cap \Gamma_*^{-1}(2A_{8n+4}^{Spin,SO(2k+1)}),$$

wo $q = 2k$ oder $q = 2k + 1$ und $\Gamma_*: H_*(BSU \times BSO(q);\mathbb{Q}) \longrightarrow H_*(BSO \times BSO(2k+1);\mathbb{Q})$ durch die Standard-Abbildung $\Gamma: BSU \times BSO(q) \longrightarrow BSO \times BSO(2k+1)$ induziert ist.

Beweis. Es sei $q = 2k$ oder $q = 2k+1$. Man hat ein kommutatives Diagramm von Standard-Abbildungen

$$\begin{array}{ccc} BU \times BU(k) & \xrightarrow{\Lambda} & BU \times BSO(q) \\ \uparrow & & \uparrow \\ BSU \times BU(k) & \xrightarrow{\Phi} & BSU \times BSO(q) \end{array} \tag{12.3}$$

und ein durch Φ induziertes kommutatives Diagramm

$$(12.4)\quad \begin{array}{ccc} \Omega_n^{SU}(BU(k)) & \xrightarrow{\Phi_*} & \Omega_n^{SU}(BSO(q)) \\ \gamma\downarrow & & \downarrow\gamma \\ H_n(BSU \times BU(k);\mathbb{Q}) & \xrightarrow{\Phi_*} & H_n(BSU \times BSO(q);\mathbb{Q}) \end{array} .$$

Aus dem Beweis von 11.1 bzw. 11.9 folgt, daß $\Lambda_*(A_n^{U,U(k)}) = A_n^{U,SO(q)}$ und $\Lambda_*(\tilde{A}_n^{U,U(k)}) = \tilde{A}_n^{U,SO(q)}$. Es sei nun $n \not\equiv 4 \mod 8$. Dann ist

$$\Phi_*\gamma\,\Omega_n^{SU}(BU(k)) \subset \gamma\Omega_n^{SU}(BSO(q)) \subset \tilde{A}_n^{U,SO(q)} = \Lambda_*\tilde{A}_n^{U,U(k)} =$$

$$= \Phi_*\gamma\,\Omega_n^{SU}(BU(k)).$$

Für den Fall 8n+4 wird zunächst das folgende kommutative Diagramm betrachtet.

$$(12.5)\quad \begin{array}{ccc} H_*(BSU \times BU(k);\mathbb{Q}) & \xrightarrow{\chi_*} & H_*(BSO \times BSO(2k+1);\mathbb{Q}) \\ \Lambda_*\downarrow & & \downarrow Id \\ H_*(BSU \times BSO(q);\mathbb{Q}) & \xrightarrow{\Gamma_*} & H_*(BSO \times BSO(2k+1);\mathbb{Q}) \end{array}$$

Nach 9.10 ist $\gamma\Omega_{8n+4}^{SU}(BU(k)) = \tilde{A}_{8n+4}^{U,U(k)} \cap \chi_*^{-1}(2A_{8n+4}^{Spin,SO(2k+1)})$, und nach dem Vorhergehenden ist

$$\begin{aligned} \Lambda_*\gamma\Omega_{8n+4}^{SU}(BU(k)) &= \tilde{A}_{8n+4}^{U,SO(q)} \cap \Lambda_*\chi_*^{-1}(2A^{Spin,SO(2k+1)}) \\ &= \tilde{A}_{8n+4}^{U,SO(q)} \cap \Gamma_*^{-1}(2A_{8n+4}^{Spin,SO(2k+1)}) \end{aligned} .$$

Die Behauptung folgt dann aus der Folge von Inklusionen

$$\Lambda_*\gamma\Omega_{8n+4}^{SU}(BU(k)) \subset \gamma\Omega_{8n+4}^{SU}(BSO(q)) \subset \tilde{A}_{8n+4}^{U,SO(q)} \cap$$

$$\Gamma_*^{-1}(2A_{8n+4}^{Spin,SO(2k+1)}) = \Lambda_*\gamma\Omega_{8n+4}^{SU}(BU(k)).$$

Literatur

1 M. F. Atiyah: Immersions and embeddings of manifolds, Topology 1 (1961), 125-132

2 M. F. Atiyah und F. Hirzebruch: Cohomologie-Operationen und charakteristische Klassen, Math. Zeitschr. 77 (1961) 149-187

3 A. Borel and F. Hirzebruch: Characteristic classes and homogeneous spaces I, II, Amer. J. Math. 80 (1958) 458-538, 81 (1959) 315-382

4 P. E. Conner and E. E. Floyd: Differentiable periodic maps, Ergebnisse der Math. 33, Springer-Verlag, Berlin 1964

5 Torsion in SU-bordism, Mem. A.M.S. 60 (1966)

6 The Relation of Cobordism to K-Theories, Lecture Notes in Math. 28, Springer-Verlag, Berlin 1966

7 A. Dold: Relations between ordinary and extraordinary homology, Colloqu. on Alg. Topology, Aarhus 1962

8 S. Eilenberg and N. Steenrod: Foundations of algebraic topology, Princeton University Press, Princeton 1952

9 A. Hattori: Integral characteristic numbers for weakly almost complex manifolds, Topology 5 (1966), 259-280

10 F. Hirzebruch: Neue topologische Methoden in der algebraischen Geometrie, 2. erg. Aufl., Springer-Verlag, Berlin 1962

11 S.-T. Hu: Homotopy Theory, Academic Press, New York 1959

12 K. H. Mayer: Elliptische Differentialoperatoren und Ganzzahligkeitssätze für charakteristische Zahlen, Topology 4 (1965), 295-313

13 J. Milnor: On the cobordism ring Ω^* and a complex analogue, Amer. J. Math. 82 (1960), 505-521

14 Lectures on characteristic classes, (vervielfältigt)

15 Spin Structures on Manifolds, L'Enseignement Math. 9 (1963), 198-203

16 С.П. Новиков: Гомотопические свойства комплексов Тома Математический сборник, т. 57 (99): 4, Москва 1962

17 D. Puppe: Homotopiemengen und ihre induzierten Abbildungen, Math. Zeitschr. 69 (1958), 299-344

18 J. P. Serre: Groupes d'homotopie et classes de groupes abéliens, Ann. Math. 58 (1953), 258-294

19 E. H. Spanier: Algebraic Topology, McGraw-Hill Book company New York 1966

20 N. E. Steenrod: The Topology of Fibre Bundles, Princeton University Press, Princeton 1951

21 R. E. Stong: Relations among characteristic numbers I, Topology 4 (1965) 267-281

22 Relations among characteristic numbers II, Topology 5 (1966), 133-148

23 R. Thom: Quelques propriétés globales des variétés différentiables Comm. Math. Helv. 28 (1954), 17-86

24 G. W. Whitehead: Generalized Homology Theories, Transactions A. M. S. 102 (1962), 227-283

25 R. Solovay: The topological index of an operator associated to a G-structure, Chapter III in Seminar on the Atiyah-Singer index theorem by R. S. Palais Ann. of Math. Studies 57 Princeton University Press, Princeton 1965

Lecture Notes in Mathematics

Bisher erschienen/Already published

Vol. 1: J. Wermer, Seminar über Funktionen-Algebren. IV, 30 Seiten. 1964. DM 3,80

Vol. 2: A. Borel, Cohomologie des espaces localement compacts d'après. J. Leray. IV, 93 pages. 1964. DM 9,–

Vol. 3: J. F. Adams, Stable Homotopy Theory. Third edition. IV, 78 pages. 1969. DM 8,–

Vol. 4: M. Arkowitz and C. R. Curjel, Groups of Homotopy Classes. 2nd. revised edition. IV, 36 pages. 1967. DM 4,80

Vol. 5: J.-P. Serre, Cohomologie Galoisienne. Troisième édition. VIII, 214 pages. 1965. DM 18,–

Vol. 6: H. Hermes, Eine Termlogik mit Auswahloperator. IV, 42 Seiten. 1965. DM 5,80

Vol. 7: Ph. Tondeur, Introduction to Lie Groups and Transformation Groups. Second edition. VIII, 176 pages. 1969. DM 14,–

Vol. 8: G. Fichera, Linear Elliptic Differential Systems and Eigenvalue Problems. IV, 176 pages. 1965. DM 13,50

Vol. 9: P. L. Ivănescu, Pseudo-Boolean Programming and Applications. IV, 50 pages. 1965. DM 4,80

Vol. 10: H. Lüneburg, Die Suzukigruppen und ihre Geometrien. VI, 111 Seiten. 1965. DM 8,–

Vol. 11: J.-P. Serre, Algèbre Locale. Multiplicités. Rédigé par P. Gabriel. Seconde édition. VIII, 192 pages. 1965. DM 12,–

Vol. 12: A. Dold, Halbexakte Homotopiefunktoren. II, 157 Seiten. 1966. DM 12,–

Vol. 13: E. Thomas, Seminar on Fiber Spaces. IV, 45 pages. 1966. DM 4,80

Vol. 14: H. Werner, Vorlesung über Approximationstheorie. IV, 184 Seiten und 12 Seiten Anhang. 1966. DM 14,–

Vol. 15: F. Oort, Commutative Group Schemes. VI, 133 pages. 1966. DM 9,80

Vol. 16: J. Pfanzagl and W. Pierlo, Compact Systems of Sets. IV, 48 pages. 1966. DM 5,80

Vol. 17: C. Müller, Spherical Harmonics. IV, 46 pages. 1966. DM 5,–

Vol. 18: H.-B. Brinkmann und D. Puppe, Kategorien und Funktoren. XII, 107 Seiten, 1966. DM 8,–

Vol. 19: G. Stolzenberg, Volumes, Limits and Extensions of Analytic Varieties. IV, 45 pages. 1966. DM 5,40

Vol. 20: R. Hartshorne, Residues and Duality. VIII, 423 pages. 1966. DM 20,–

Vol. 21: Seminar on Complex Multiplication. By A. Borel, S. Chowla, C. S. Herz, K. Iwasawa, J.-P. Serre. IV, 102 pages. 1966. DM 8,–

Vol. 22: H. Bauer, Harmonische Räume und ihre Potentialtheorie. IV, 175 Seiten. 1966. DM 14,–

Vol. 23: P. L. Ivănescu and S. Rudeanu, Pseudo-Boolean Methods for Bivalent Programming. 120 pages. 1966. DM 10,–

Vol. 24: J. Lambek, Completions of Categories. IV, 69 pages. 1966. DM 6,80

Vol. 25: R. Narasimhan, Introduction to the Theory of Analytic Spaces. IV, 143 pages. 1966. DM 10,–

Vol. 26: P.-A. Meyer, Processus de Markov. IV, 190 pages. 1967. DM 15,–

Vol. 27: H. P. Künzi und S. T. Tan, Lineare Optimierung großer Systeme. VI, 121 Seiten. 1966. DM 12,–

Vol. 28: P. E. Conner and E. E. Floyd, The Relation of Cobordism to K-Theories. VIII, 112 pages. 1966. DM 9,80

Vol. 29: K. Chandrasekharan, Einführung in die Analytische Zahlentheorie. VI, 199 Seiten. 1966. DM 16,80

Vol. 30: A. Frölicher and W. Bucher, Calculus in Vector Spaces without Norm. X, 146 pages. 1966. DM 12,–

Vol. 31: Symposium on Probability Methods in Analysis. Chairman. D. A. Kappos.IV, 329 pages. 1967. DM 20,–

Vol. 32: M. André, Méthode Simpliciale en Algèbre Homologique et Algèbre Commutative. IV, 122 pages. 1967. DM 12,–

Vol. 33: G. I. Targonski, Seminar on Functional Operators and Equations. IV, 110 pages. 1967. DM 10,–

Vol. 34: G. E. Bredon, Equivariant Cohomology Theories. VI, 64 pages. 1967. DM 6,80

Vol. 35: N. P. Bhatia and G. P. Szegö, Dynamical Systems. Stability Theory and Applications. VI, 416 pages. 1967. DM 24,–

Vol. 36: A. Borel, Topics in the Homology Theory of Fibre Bundles. VI, 95 pages. 1967. DM 9,–

Vol. 37: R. B. Jensen, Modelle der Mengenlehre. X, 176 Seiten. 1967. DM 14,–

Vol. 38: R. Berger, R. Kiehl, E. Kunz und H.-J. Nastold, Differentialrechnung in der analytischen Geometrie IV, 134 Seiten. 1967 DM 12,–

Vol. 39: Séminaire de Probabilités I. II, 189 pages. 1967. DM14,–

Vol. 40: J. Tits, Tabellen zu den einfachen Lie Gruppen und ihren Darstellungen. VI, 53 Seiten. 1967. DM 6.80

Vol. 41: A. Grothendieck, Local Cohomology. VI, 106 pages. 1967. DM 10,–

Vol. 42: J. F. Berglund and K. H. Hofmann, Compact Semitopological Semigroups and Weakly Almost Periodic Functions. VI, 160 pages. 1967. DM 12,–

Vol. 43: D. G. Quillen, Homotopical Algebra. VI, 157 pages. 1967. DM 14,–

Vol. 44: K. Urbanik, Lectures on Prediction Theory. IV, 50 pages. 1967. DM 5,80

Vol. 45: A. Wilansky, Topics in Functional Analysis. VI, 102 pages. 1967. DM 9,60

Vol. 46: P. E. Conner, Seminar on Periodic Maps. IV, 116 pages. 1967. DM 10,60

Vol. 47: Reports of the Midwest Category Seminar I. IV, 181 pages. 1967. DM 14,80

Vol. 48: G. de Rham, S. Maumary et M. A. Kervaire, Torsion et Type Simple d'Homotopie. IV, 101 pages. 1967. DM 9,60

Vol. 49: C. Faith, Lectures on Injective Modules and Quotient Rings. XVI, 140 pages. 1967. DM 12,80

Vol. 50: L. Zalcman, Analytic Capacity and Rational Approximation. VI, 155 pages. 1968. DM 13.20

Vol. 51: Séminaire de Probabilités II. IV, 199 pages. 1968. DM 14,–

Vol. 52: D. J. Simms, Lie Groups and Quantum Mechanics. IV, 90 pages. 1968. DM 8,–

Vol. 53: J. Cerf, Sur les difféomorphismes de la sphère de dimension trois (Γ_4 = O). XII, 133 pages. 1968. DM 12,–

Vol. 54: G. Shimura, Automorphic Functions and Number Theory. VI, 69 pages. 1968. DM 8,–

Vol. 55: D. Gromoll, W. Klingenberg und W. Meyer, Riemannsche Geometrie im Großen. VI, 287 Seiten. 1968. DM 20,–

Vol. 56: K. Floret und J. Wloka, Einführung in die Theorie der lokalkonvexen Räume. VIII, 194 Seiten. 1968. DM 16,–

Vol. 57: F. Hirzebruch und K. H. Mayer, O (n)-Mannigfaltigkeiten, exotische Sphären und Singularitäten. IV, 132 Seiten. 1968. DM 10,80

Vol. 58: Kuramochi Boundaries of Riemann Surfaces. IV, 102 pages. 1968. DM 9,60

Vol. 59: K. Jänich, Differenzierbare G-Mannigfaltigkeiten. VI, 89 Seiten. 1968. DM 8,–

Vol. 60: Seminar on Differential Equations and Dynamical Systems. Edited by G. S. Jones. VI, 106 pages. 1968. DM 9,60

Vol. 61: Reports of the Midwest Category Seminar II. IV, 91 pages. 1968. DM 9,60

Vol. 62: Harish-Chandra, Automorphic Forms on Semisimple Lie Groups X, 138 pages. 1968. DM 14,–

Vol. 63: F. Albrecht, Topics in Control Theory. IV, 65 pages. 1968. DM 6,80

Vol. 64: H. Berens, Interpolationsmethoden zur Behandlung von Approximationsprozessen auf Banachräumen. VI, 90 Seiten. 1968. DM 8,–

Vol. 65: D. Kölzow, Differentiation von Maßen. XII, 102 Seiten. 1968. DM 8,–

Vol. 66: D. Ferus, Totale Absolutkrümmung in Differentialgeometrie und -topologie. VI, 85 Seiten. 1968. DM 8,–

Vol. 67: F. Kamber and P. Tondeur, Flat Manifolds. IV, 53 pages. 1968. DM 5,80

Vol. 68: N. Boboc et P. Mustată, Espaces harmoniques associés aux opérateurs différentiels linéaires du second ordre de type elliptique. VI, 95 pages. 1968. DM 8,60

Vol. 69: Seminar über Potentialtheorie. Herausgegeben von H. Bauer. VI, 180 Seiten. 1968. DM 14,80

Vol. 70: Proceedings of the Summer School in Logic. Edited by M. H. Löb. IV, 331 pages. 1968. DM 20,–

Vol. 71: Séminaire Pierre Lelong (Analyse), Année 1967 – 1968. VI, 19 pages. 1968. DM 14,–

Bitte wenden / Continued

Vol. 72: The Syntax and Semantics of Infinitary Languages. Edited by J. Barwise. IV, 268 pages. 1968. DM 18,–

Vol. 73: P. E. Conner, Lectures on the Action of a Finite Group. IV, 123 pages. 1968. DM 10,–

Vol. 74: A. Fröhlich, Formal Groups. IV, 140 pages. 1968. DM 12,–

Vol. 75: G. Lumer, Algèbres de fonctions et espaces de Hardy. VI, 80 pages. 1968. DM 8,–

Vol. 76: R. G. Swan, Algebraic K-Theory. IV, 262 pages. 1968. DM 18,–

Vol. 77: P.-A. Meyer, Processus de Markov: la frontière de Martin. IV, 123 pages. 1968. DM 10,–

Vol. 78: H. Herrlich, Topologische Reflexionen und Coreflexionen. XVI, 166 Seiten. 1968. DM 12,–

Vol. 79: A. Grothendieck, Catégories Cofibrées Additives et Complexe Cotangent Relatif. IV, 167 pages. 1968. DM 12,–

Vol. 80: Seminar on Triples and Categorical Homology Theory. Edited by B. Eckmann. IV, 398 pages. 1969. DM 20,–

Vol. 81: J.-P. Eckmann et M. Guenin, Méthodes Algébriques en Mécanique Statistique. VI, 131 pages. 1969. DM 12,–

Vol. 82: J. Wloka, Grundräume und verallgemeinerte Funktionen. VIII, 131 Seiten. 1969. DM 12,–

Vol. 83: O. Zariski, An Introduction to the Theory of Algebraic Surfaces. IV, 100 pages. 1969. DM 8,–

Vol. 84: H. Lüneburg, Transitive Erweiterungen endlicher Permutationsgruppen. IV, 119 Seiten. 1969. DM 10,–

Vol. 85: P. Cartier et D. Foata, Problèmes combinatoires de commutation et réarrangements. IV, 88 pages. 1969. DM 8,–

Vol. 86: Category Theory, Homology Theory and their Applications I. Edited by P. Hilton. VI, 216 pages. 1969. DM 16,–

Vol. 87: M. Tierney, Categorical Constructions in Stable Homotopy Theory. IV, 65 pages. 1969. DM 6,–

Vol. 88: Séminaire de Probabilités III. IV, 229 pages. 1969. DM 18,–

Vol. 89: Probability and Information Theory. Edited by M. Behara, K. Krickeberg and J. Wolfowitz. IV, 256 pages. 1969. DM 18,–

Vol. 90: N. P. Bhatia and O. Hajek, Local Semi-Dynamical Systems. II, 157 pages. 1969. DM 14,–

Vol. 91: N. N. Janenko, Die Zwischenschrittmethode zur Lösung mehrdimensionaler Probleme der mathematischen Physik. VIII, 194 Seiten. 1969. DM 16,80

Vol. 92: Category Theory, Homology Theory and their Applications II. Edited by P. Hilton. V, 308 pages. 1969. DM 20,–

Vol. 93: K. R. Parthasarathy, Multipliers on Locally Compact Groups. III, 54 pages. 1969. DM 5,60

Vol. 94: M. Machover and J. Hirschfeld, Lectures on Non-Standard Analysis. VI, 79 pages. 1969. DM 6,–

Vol. 95: A. S. Troelstra, Principles of Intuitionism. II, 111 pages. 1969. DM 10,–

Vol. 96: H.-B. Brinkmann und D. Puppe, Abelsche und exakte Kategorien, Korrespondenzen. V, 141 Seiten. 1969. DM 10,–

Vol. 97: S. O. Chase and M. E. Sweedler, Hopf Algebras and Galois theory. II, 133 pages. 1969. DM 10,–

Vol. 98: M. Heins, Hardy Classes on Riemann Surfaces. III, 106 pages. 1969. DM 10,–

Vol. 99: Category Theory, Homology Theory and their Applications III. Edited by P. Hilton. IV, 489 pages. 1969. DM 24,–

Vol. 100: M. Artin and B. Mazur, Etale Homotopy. II, 196 Seiten. 1969. DM 12,–

Vol. 101: G. P. Szegö et G. Treccani, Semigruppi di Trasformazioni Multivoche. VI, 177 pages. 1969. DM 14,–

Vol. 102: F. Stummel, Rand- und Eigenwertaufgaben in Sobolewschen Räumen. VIII, 386 Seiten. 1969. DM 20,–

Vol. 103: Lectures in Modern Analysis and Applications I. Edited by C. T. Taam. VII, 162 pages. 1969. DM 12,–

Vol. 104: G. H. Pimbley, Jr., Eigenfunction Branches of Nonlinear Operators and their Bifurcations. II, 128 pages. 1969. DM 10,–

Vol. 105: R. Larsen, The Multiplier Problem. VII, 284 pages. 1969. DM 18,–

Vol. 106: Reports of the Midwest Category Seminar III. Edited by S. Mac Lane III, 247 pages. 1969. DM 16,–

Vol. 107: A. Peyerimhoff, Lectures on Summability. III, 111 pages. 1969. DM 8,–

Vol. 108: Algebraic K-Theory and its Geometric Applications. Edited by R. M. F. Moss and C. B. Thomas. IV, 86 pages. 1969. DM 6,–

Vol. 109: Conference on the Numerical Solution of Differential Equations. Edited by J. Ll. Morris. VI, 275 pages. 1969. DM 18,–

Vol. 110: The Many Facets of Graph. Theory. Edited by G. Chartrand and S. F. Kapoor. VIII, 290 pages. 1969. DM 18,–

Vol. 111: K. H. Mayer, Relationen zwischen charakteristischen Zahlen III, 99 Seiten. 1969. DM 8,–

Beschaffenheit der Manuskripte

Die Manuskripte werden photomechanisch vervielfältigt; sie müssen daher in sauberer Schreibmaschinenschrift geschrieben sein. Handschriftliche Formeln bitte nur mit schwarzer Tusche eintragen. Notwendige Korrekturen sind bei dem bereits geschriebenen Text entweder durch Überkleben des alten Textes vorzunehmen oder aber müssen die zu korrigierenden Stellen mit weißem Korrekturlack abgedeckt werden. Falls das Manuskript oder Teile desselben neu geschrieben werden müssen, ist der Verlag bereit, dem Autor bei Erscheinen seines Bandes einen angemessenen Betrag zu zahlen. Die Autoren erhalten 75 Freiexemplare.

Zur Erreichung eines möglichst optimalen Reproduktionsergebnisses ist es erwünscht, daß bei der vorgesehenen Verkleinerung der Manuskripte der Text auf einer Seite in der Breite möglichst 18 cm und in der Höhe 26,5 cm nicht überschreitet. Entsprechende Satzspiegelvordrucke werden vom Verlag gern auf Anforderung zur Verfügung gestellt.

Manuskripte, in englischer, deutscher oder französischer Sprache abgefaßt, nimmt Prof. Dr. A. Dold, Mathematisches Institut der Universität Heidelberg, Tiergartenstraße oder Prof. Dr. B. Eckmann, Eidgenössische Technische Hochschule, Zürich, entgegen.

Cette série a pour but de donner des informations rapides, de niveau élevé, sur des développements récents en mathématiques, aussi bien dans la recherche que dans l'enseignement supérieur. On prévoit de publier

1. des versions préliminaires de travaux originaux et de monographies
2. des cours spéciaux portant sur un domaine nouveau ou sur des aspects nouveaux de domaines classiques
3. des rapports de séminaires
4. des conférences faites à des congrès ou à des colloquiums

En outre il est prévu de publier dans cette série, si la demande le justifie, des rapports de séminaires et des cours multicopiés ailleurs mais déjà épuisés.

Dans l'intérêt d'une diffusion rapide, les contributions auront souvent un caractère provisoire; le cas échéant, les démonstrations ne seront données que dans les grandes lignes. Les travaux présentés pourront également paraître ailleurs. Une réserve suffisante d'exemplaires sera toujours disponible. En permettant aux personnes intéressées d'être informées plus rapidement, les éditeurs Springer espèrent, par cette série de »prépublications«, rendre d'appréciables services aux instituts de mathématiques. Les annonces dans les revues spécialisées, les inscriptions aux catalogues et les copyrights rendront plus facile aux bibliothèques la tâche de réunir une documentation complète.

Présentation des manuscrits

Les manuscrits, étant reproduits par procédé photomécanique, doivent être soigneusement dactylographiés. Il est recommandé d'écrire à l'encre de Chine noire les formules non dactylographiées. Les corrections nécessaires doivent être effectuées soit par collage du nouveau texte sur l'ancien soit en recouvrant les endroits à corriger par du verni correcteur blanc.

S'il s'avère nécessaire d'écrire de nouveau le manuscrit, soit complètement, soit en partie, la maison d'édition se déclare prête à verser à l'auteur, lors de la parution du volume, le montant des frais correspondants. Les auteurs recoivent 75 exemplaires gratuits.

Pour obtenir une reproduction optimale il est désirable que le texte dactylographié sur une page ne dépasse pas 26,5 cm en hauteur et 18 cm en largeur. Sur demande la maison d'édition met à la disposition des auteurs du papier spécialement préparé.

Les manuscrits en anglais, allemand ou francais peuvent être adressés au Prof. Dr. A. Dold, Mathematisches Institut der Universität Heidelberg, Tiergartenstraße ou au Prof. Dr. B. Eckmann, Eidgenössische Technische Hochschule, Zürich.